LES PUCERONS

AVIS AUX ENTOMOLOGISTES

On s'étonnera de voir annexées au premier volume de ce travail, qui ne traite que des généralités, des planches spéciales à un groupe particulier et dont l'explication ne sera donnée que dans le second volume, qui traitera des *espèces*.

C'est que j'ai désiré donner une idée du plan sur lequel je voudrais pouvoir éditer cette *monographie des Aphidiens*.

Pour faire un travail utile et pratique, il faut des figures et beaucoup de figures, et il les faut coloriées pour indiquer, non-seulement les déformations, mais les modifications de couleur que les piqûres des Pucerons font éprouver aux végétauxqu'ils attaquent.

Ces planches sont très-coûteuses, et jusqu'à présent je ne connais guère que la puissante *Ray Society*, de Londres, qui ait entrepris la publication des *British Aphides* de M. G.-B. Buckton, avec 134 planches magnifiquement coloriées.

Il n'est guère possible à un simple particulier de faire à lui seul, et pour les Pucerons du monde entier, ce qu'a fait une riche société anglaise pour les seuls Aphidiens de la Grande-Bretagne ; aussi devrai-je forcément régler mes dépenses suivant les encouragements que me donneront les personnes qui s'intéressent aux études d'histoire naturelle.

Je serai donc reconnaissant à tous ceux qui voudront bien me donner leur concours pour mener à bien l'œuvre entreprise, de s'inscrire pour recevoir le second volume.

D'après le nombre des souscripteurs, je joindrai plus ou moins de planches, soit au trait, soit coloriées, au texte descriptif, qui est à peu près terminé.

J. Lichtenstein.

LES
PUCERONS

MONOGRAPHIE DES APHIDIENS

(APHIDIDÆ Passerini
PHYTOPHTIRES Burmeister)

PAR

JULES LICHTENSTEIN

DE MONTPELLIER

PREMIÈRE PARTIE — GENERA

SE TROUVE :

A MONTPELLIER
CHEZ L'AUTEUR ET A L'IMPRIMERIE CENTRALE DU MIDI

A PARIS
CHEZ J.-B. BAILLIÈRE ET FILS
19, rue Hautefeuille

A BERLIN
CHEZ R. FRIEDLANDER ET FILS
11, Carlstrasse

A MONTPELLIER
CHEZ C. COULET, LIBRAIRE

A BORDEAUX
CHEZ FERET ET FILS, LIBRAIRES

1885

MONTPELLIER, IMPRIMERIE CENTRALE DU MIDI. — (HAMELIN FRÈRES)

INTRODUCTION

Il y a environ quinze ou seize ans que les études que je fus appelé à faire sur le Phylloxéra de la vigne m'amenèrent à étudier ce qui avait été écrit avant moi sur le groupe des Pucerons ou Aphidiens.

Je fus fort surpris de voir combien peu d'entomologistes français ont tourné leurs études vers ces petits animaux, si intéressants cependant ; et, depuis Réaumur, qui nous fait part de quelques observations empreintes de sa sagacité et de son exactitude habituelles, jusqu'à nos jours, j'ai bien trouvé, par-ci, par-là, quelques notes isolées sur l'une ou sur l'autre espèce, mais point de travail d'ensemble, absolument rien, au point de vue de la classification.

Je consultai alors les auteurs étrangers, et là je trouvai, chez Hartig, Kaltenbach, Koch, Ratzeburg, etc., d'utiles et précieuses indications, pour me guider dans les études auxquelles je me suis livré avec ardeur, pendant quinze années, sans interruption.

C'est le fruit de ces études que je viens offrir aujourd'hui à tous ceux qui prennent intérêt aux questions qui se rattachent à l'histoire naturelle.

Mon travail est loin d'être parfait ; mais il pourra, je l'espère, servir de base à mes successeurs, en leur offrant le résumé des travaux de mes devanciers et en leur soumettant, en toute humilité, quelques idées que je crois nouvelles sur les insectes qui nous occupent et sur les règles à suivre pour leur classification.

Ces règles ont déjà été posées par Hausmann, Hartig, Koch et Kaltenbach. Les auteurs contemporains, tels que les Passerini en Italie, les Buckton en Angleterre, les Riley, les Thomas, les Monell, aux États-Unis, qui s'y sont conformés, les ont appliquées, avec plus ou moins de modifications, aux Pucerons de leurs pays respectifs, sans qu'aucun d'eux ait abordé la monographie complète des Aphidiens.

J'ai entrepris cette tâche; bien plus, j'ai osé bouleverser toutes les idées reçues et plus ou moins bien expliquées sur la génération de ces insectes, en considérant leur évolution biologique sous un point de vue tout à fait nouveau, dont on trouvera plus loin l'exposé raisonné. N'aurai-je pas trop présumé de mes forces ? N'ai-je pas lancé mon œuvre trop tôt dans le public, sans avoir soumis toutes mes observations à des épreuves et contre-épreuves assez répétées pour obtenir la certitude complète des faits que j'avancerai ? Peut-être que si; mais je suis arrivé à un âge où les facultés de l'homme s'émoussent et où il est bon de noter ce qu'on a pu faire, jusqu'au jour où il faut laisser à des intelligences plus jeunes le soin de perfectionner l'œuvre. Il n'est pas donné à tout le monde de dire « *Exegi monumentum.* » Beaucoup doivent se contenter d'apporter leur petite pierre à l'édifice. C'est ce que j'ai tâché de faire.

J. Lichtenstein.

La Lironde, 8 octobre 1884.

MONOGRAPHIE

DES APHIDIENS

CHAPITRE PREMIER

Bibliographie

Avant de commencer ce travail, je dois indiquer au lecteur quelles sont les sources où j'ai puisé, en majeure partie, les éléments nécessaires à l'histoire des Aphidiens. J'aurai bien, certainement pu me référer tout uniment à la *Bibliotheca entomologica* de Hagen, qui renferme la liste fort exacte de tout ce qui a été publié sur les Aphidiens jusqu'en 1860 ; mais, outre que je suis loin d'avoir pu consulter tous les ouvrages cités par le savant bibliographe, il a paru depuis 1860 jusqu'à aujourd'hui, c'est-à-dire depuis vingt-cinq années, beaucoup de très-bons ouvrages sur les Pucerons, quoique, ainsi que je l'ai dit plus haut, tous soient des faunes locales, limitées souvent à un pays très-restreint.

Je me suis donc borné aux ouvrages que je possède dans ma bibliothèque, dont j'ai dressé une liste chronologique et sur l'énumération desquels je vais jeter un rapide coup d'œil, pour indiquer les auteurs dont l'étude est le plus nécessaire à ceux qui veulent connaître les Aphidiens.

Au siècle dernier, pendant que Linné tente une première classification des trente-trois espèces de Pucerons qu'il connaît, et dont il n'indique guère que la couleur et l'*habitat*, Réaumur et Bonnet (de Genève) commencent à attirer l'attention sur l'étrangeté des multiplications de ces insectes sans le concours du sexe mâle. Les découvertes de Bonnet font grand bruit à l'Académie des sciences de Paris, où elles sont présentées par Réaumur comme un modèle d'observations patientes faites par un jeune homme de vingt ans... Cependant Bonnet, tout en constatant des faits excessivement remarquables, n'arrive à aucune conclusion.

Ce n'est pas que, vingt ans avant Bonnet, un savant français, Claude-Joseph Geoffroy, n'eût présenté à l'Académie un très-beau mémoire sur le Puceron de l'ormeau ; mais malheureusement il était tombé sur une espèce qui, toute différente de celle qu'avait observée Bonnet, ne se reproduit pas, au moins dans son existence aérienne. Il n'arriva également à aucune conclusion.

Piqué au jeu par les découvertes de Bonnet, nous voyons alors, en 1770, le baron von Gleichen s'attacher, avec une opiniâtreté et une patience de bénédictin, à l'étude de ce même Puceron de l'ormeau, et suivre pendant huit ans, sans interruption, le développement de cet insecte. « Je le surveillais, » dit-il naïvement, comme un avare surveille son trésor, comme » un amoureux surveille sa fiancée. » Cependant il ne découvre rien, et, jetant le manche après la cognée, il déclare que les mâles n'existent pas et que les Pucerons, comme les plantes, se reproduisent par bourgeonnement.

Le docteur suisse Sulzer tente alors l'aventure ; mais, tandis que Bonnet fait ses essais en été, Sulzer observe en octobre, et trouve alors les deux sexes et la femelle pondant des œufs, chez trois espèces (*Aphis opuli, A. polianthis, Lachnus salicis*); là les mâles sont ailés.

Arrive le Réaumur suédois, de Geer, et cet excellent observateur décrit admirablement dix-sept espèces, trouve qu'il y a des mâles aptères chez quelques-unes, mais n'arrive pas plus que ses prédécesseurs à expliquer les métamorphoses si variées de ces singuliers animaux.

Les premières années de notre siècle sont marquées par deux bons ouvrages sur les Aphidiens : celui du Bavarois J.-P. Schrank, qui, dans sa *Fauna boïca*, décrit suffisamment soixante-dix espèces, et celui de Hausmann (de Brunswick), qui, dans le *Magasin* d'Illiger, en 1802, donne de très-bons conseils sur la classification de ces animaux, quoiqu'il n'en décrive que sept espèces, et cela sans se conformer lui-même aux règles qu'il vient de poser.

Passant très-rapidement sur les ouvrages de Fabricius, qui ne fait guère qu'énumérer à la façon linnéenne les cinquante-six espèces de Pucerons qui lui sont connues, il nous faut arriver à 1815 pour trouver un nouveau travail sur les Aphidiens, mais celui-ci est de premier ordre : c'est celui de J.-F. Kyber, diacre d'Eisenberg, qui, dans le *Magasin d'entomologie* de Germar, refait les essais de Bonnet et les continue d'une manière suivie pendant quatre ans. Pas plus que ses devanciers, il ne peut expliquer les faits qu'il constate, et il est tout prêt à admettre que, la nourriture et la chaleur ne leur faisant pas défaut, les Pucerons peuvent se multiplier sans mâle d'une manière indéfinie. Un savant français, M. A. Duvau (de Tours), confirme les observations de Kyber, qu'il ne connaissait pas probablement, en présentant à l'Académie de Paris, en 1825, un mémoire sur la reproduction du Puceron de la fève pendant sept mois consécutifs : onze générations sans mâle ! !

Ainsi que je l'ai dit ailleurs (1), les faits d'une reproduction des Pucerons, sans le concours du mâle, très-longue, ou même indéfinie, étant acquis, c'était aux embryologues à trouver le secret de cette reproduction.

(1) *De l'Évolution biologique des Pucerons*. Bordeaux, Librairie vinicole, 1883.

Là, les travailleurs n'ont pas manqué : Dutrochet, Léon Dufour, Ch. Morren, Burmeister, von Siebold, parmi ceux que la science regrette, nous ont laissé de beaux travaux à ce sujet, et de très-nombreux et très-savants observateurs, parmi nos contemporains, s'en occupent activement. Je crois qu'ils sont encore loin d'être d'accord entre eux ; du reste, je ne suis pas compétent sur la question, et ne puis qu'engager les spécialistes à lire, après les ouvrages des auteurs ci-dessus, ceux de Carus, Heyden, Leuckart, Balbiani, Claparède, Mark, Riley, Buckton, Brass, Witlaczil, etc., qui s'occupent actuellement de ces études.

Pour la partie systématique, à peine ébauchée par les auteurs cités plus haut, elle n'a été vraiment abordée que de nos jours, et assez récemment, par Théod. Hartig (de Brunswick), qui, en 1841, dans le *Zeitschrift für Entom.*, de Germar, a posé les bases d'une classification fondée sur les antennes et les nervures des ailes.

Quoique les caractères purement plastiques d'un insecte ne soient certainement pas suffisants pour établir une classification naturelle du groupe que l'on étudie, les données de Hartig sont précieuses pour l'étude des Aphidiens. Elles ont été considérablement augmentées et perfectionnées par Koch et Kaltenbach, et ce sont ces trois ouvrages qui ont servi aux travailleurs contemporains, assez nombreux comme je l'ai dit, qui étudient les Pucerons de telle ou telle faune locale.

Mais ici je m'arrête ; car tous ces travailleurs, qui vivent encore et dont beaucoup sont même bien plus jeunes que moi, n'ont pas encore, je l'espère pour la science, achevé leur œuvre, et la plupart d'entre eux me font l'honneur et le plaisir de vouloir bien m'aider dans mes travaux : ce que j'ai indiqué par le mot « *correspondant* », à la suite de leur nom, dans la Liste des auteurs.

J'estime qu'on ne doit juger d'un travail que quand son auteur y a mis la dernière main; et, en histoire naturelle, qui de nous, chaque dix ans, — que dis-je ? chaque année, — n'a pas à reconnaître qu'il a à revenir sur ce qu'il a dit et à corriger quelque erreur ? Les sciences naturelles ne sont pas au nombre des sciences exactes, et, dans la nature, il n'y a point de règle sans exception.

Je ne jugerai donc pas les auteurs vivants, tout en citant et en discutant leurs opinions dans le cours de cet ouvrage ; et, en attendant, je leur exprime à tous, et surtout à MM. Passerini, Derbès, Targioni, Riley, Monell, Thomas, Löw, Buckton, Courchet, Kessler, Horvath, etc., etc., ma profonde gratitude pour l'aide que j'ai trouvée, soit dans leurs ouvrages, soit dans leur correspondance.

Voici la liste des ouvrages que j'ai pu consulter :

BIBLIOGRAPHIE

1703. LA HIRE (Gabriel-Phil.). — Mémoire sur les Pucerons, présenté à l'Académie des sciences, à Paris.

1722. LEEUWENHOEK (Anton van). Arcana naturæ, epistola 134. Delphis Batavorum (Delft).

1724. GEOFFROY (Claude-Joseph). — Mémoire sur les Pucerons de l'ormeau, présenté à l'Académie des sciences, à Paris.

1734. FRISCH (Johan-Leonhard). — Beschreibung allerlei Insecten, 11er theil, p. 9. Berlin.

1737 à 1742. RÉAUMUR. — Mémoire pour servir à l'histoire des insectes, T. III, mém. 9, et T. VI, mém. 13. Paris.

1764. GEOFFROY (Etienne-Louis). — Histoire abrégée des insectes des environs de Paris, T. I, p. 489. Paris.

1767. LINNÉ (Carolus). — Systema naturæ, T. 1, pars 2, p. 733. Holmiæ.

1770. GLEICHEN (Baron von). — Geschichte der Blattläuse des Ulmenbaumes. Nürnberg.

1745 à 1779. BONNET (Charles). — Traité d'insectologie et observations sur les Pucerons. Genève.

1776. SULZER (Doctr). — Abgekürzte Geschichte der Insecten, T. I, p. 98. Winterthür.

1780. De Geer (Carl). — Abhandlungen zur Geschichte der Insecten (traduction allemande de Götze). Nürnberg.

1790. Rossi (Petrus).— Fauna etrusca, T. II, p. 259. Liburni.

1800. Curtis (William). — On Aphides cause of blight. Lin. Soc. London.

1801 Schrank (F.-P.).— Fauna boïca, T. II, p. 102. Ingolstadt.

1802. Hausmann (F.).— Beiträge zur Geschichte der Blattläuse. Illiger's Mag., T. I, p. 426. Braunschweig.

1803. Fabricius (J,-C.). — Systema Rhyngotorum, p. 294. Brunswigiæ.

1815. Kyber (J.-F.).— Erfahrungen und Bemerkungen über Blattläuse. Germar's Mag,. T. I, H. 2, p. 1. Halle.

1819. Samouelle (G.).—Entomologist's Compendium. London.

1821. Virey et d'A... (J.-J.). — Pucerons du térébinthe. Dictionnaire scientifique médical, T. IX. Paris.

1824 à 1830. Blot. — Mémoire sur le puceron lanigère. Société d'agriculture et Mémoires de la Société lin. du Calvados. Caen.

1824 à 1833. Dufour (Léon). — *Coccus zeœ maidis*. Annales des sciences naturelles et Recherches anatomiques sur les hémiptères. Mém. Acad. sc. Paris.

1825. Duvau (Aug.). — Nouvelles Recherches sur l'histoire naturelle des Pucerons. Mém. Mus. d'hist. nat. Paris.

1826. Kittel (B.-M.), de Münich. — Mémoire sur les Pucerons. Mém. Soc. lin. Paris.

1830. Tougard. — Du Puceron lanigère. Ann. Soc. d'hort., T. XIV, p. 341. Paris.

1833. Dutrochet (H.). — Observations sur les organes de la gén. chez les Pucerons. Ann. Sc. nat. Paris,

1834 à 1841. Boyer de Fonscolombe. — Genre Phylloxéra et description des Pucerons des environs d'Aix. Ann. Soc. ent. Paris.

1835. Bonafous (C.-M.). — Description d'une espèce nouvelle de Puceron. Ann. Soc. entom. de France, T. IV, p. 657. Paris.

— 13 —

1836. Morren (Ch.).— Mémoire sur l'émigration du Puceron du pêcher. Ann. des Sc. nat. Paris.

1836. Vallot (J-.J.). — Note sur l'*Adelges laricis*. Comptes rendus de l'Académie. Paris.

1839. Burmeister (Hermann).— Handbuch der Entomologie, T. II, p. 95. Berlin.

1839. Siebold (C.-T. von). — Uber vivip. u ovip. Blattläuse. Frorieps Notiz.

1840-52-54. Westwood (J.-O.). — Introduction to modern classification of insects, T. II. London. — *Adelges laricis*. — *Aphis brassicæ*. — Gardner's Chronic.

1841. Hartig (Th.).—Versuch einer Eintheilung der Pflanzenlaüse. Germar's Zeitschrift für Ent., T. III, p 359. Leipzig.

1843. Amyot-Serville.—Suites à Buffon. Hémiptères, p.597. Paris.

1843, 1846, 1874. Kaltenbach (J.-H.). — Monographie der Pflanzenlaüse. Aachen.— Fünf neue Spec. Pflanzenlaüse. Stett. Ent. Zeit. Stettin.—Die Pflanzenfeinde. Stuttgard.

1844. Ratzeburg (J.-T.-C.)— Die Forstinsecten. T. III, p. 2ᶜ5. Berlin.

1846-48-49-50. Walker (Francis).— Aphides and their food-plants. The Zoologist. London.

1848. Doubleday (E.).— The Insect forming the chinese gall. Pharmac. Journal. London.

1848. Kollar (V.).— *Acanthochermes quercûs*. Sitz. Acad. der Wiss. Wien.

1849. Carus (Victor). — Zur näheren Kenntniss des Generations wechsels. Leipzig.

1851 à 1869. Fitch (Asa).— Diverses Notes sur les Aphidiens nuisibles. New-York.

1854. Koch. (C.-L.).— Die Pflanzenläuse. Aphidien. Nürnberg.

1856-60-63-76-79. Passerini (Giovani). — Gli Insetti autori delle galle. Parma.— Gli Afidi. Parma.— Aphididæ

)

italicæ Genuæ.— Flora degli Afidi e aggiunti a la Flora degli Afidi. Soc. ent. ital. Firenza. (Correspondant.)

1857. NEUMANN (Rud.). — Blattläuse der Provinz Preussen. Wehlau.

1857. HEYDEN (C. von).— Fortpflanz. Gesch. der Blattläuse. Stett. Ent. Zeit. [Stettin.

1858-70. LEUCKART (Rud.).—Zur Kenntniss des Gener -wechsels. Frankfurt. — Fortpflanzung d. Blatt. Rindenläuse. Leipzig. (Correspondant.)

1860. GÉHIN (J.-B.).— Notes pour servir à l'histoire des insectes nuisibles. Metz. (Correspondant.)

1862. GOUREAU (Ch.).— Les Insectes nuisibles, etc. Paris.

1862. HOEVEN (van der). Over een klein Hemipterum (*Periphyllus testudo*). Leiden.

1866-67-70-71-84. BALBIANI.—Embryogénie des Aphidiens. Puceron brun de l'érable. Phylloxéra. Comptes rendus de l'Académie. Paris. (Correspondant.)

1867. CLAPARÈDE (E.). — Sur la Reproduction des Pucerons. Ann. sc. nat. Paris.

1867. BOISDUVAL (Dr). — Essai sur l'entomologie horticole, pag. 240. Paris.

1869-71-83. DERBÈS. — Observations sur les Aphidiens du pistachier. 2e note sur *id.* 3e note sur *id.* Ann. sc. nat. Paris. (Correspondant.)

1870. RITSEMA (C.). — Origine et dev. du *Periphyllus testudo*, *Periphyllus laricæ*. Archives néerlandaises et Verslag de Nederl. Ent. Ver. La Haye. (Correspondant.)

1871-76-77. TARGIONI-TOZZETTI (A.). — Pidocchio delle vite. Ann. de agric. Roma. — Filossera del leccio. Ann. Soc. ent. Firenze. (Correspondant.)

1872. FERRARI (P. M.).— Aphididæ Liguriæ. Species Aphididarum hujusque in Liguria lectas. Genuæ. (Correspondant.)

1873. HOLZNER (Georg). — Tannenwurzel Laus. (*Pemphigus Poschingeri*. Stett. ent. Zeit. Stettin. (Correspondant.)

1874. Lethierry (L.). — Catalogue des hémiptères du départe-
ment du Nord. Lille. (Correspondant.)

1875. Rudow (F.). — Gallenbildungen auf tilia, salix, populus, artemisia. Giebel's Zeitschrift für ges. Wiss. Berlin. (Correspondant.)

1876. Mark (E. L.). — Anatomie der Pflanzenläuse und Cocci-
den. Bonn.

1877-78-79-81. Monell (J.). — A New Genus of Aphididæ (*Colopha*). Canadian Entomologist. A New *Lachnus* (*L.
longistigma*). Valley naturalist. Notes on Aphididæ.
Canadian Entom. Aphididæ of the U. S. (avec Riley).
(Correspondant.)

1877-79-81-82. Löw (Franz).— Uber einer dem Maïs schädl.
Aphiden Art (*Pem. zeæ maidis*). *Pemphigus spirothe-
ceæ. Tetraneura alba. Schizoneura compressa. Schizoneura lanuginosa.* Eine neue Eschenblattlaus. Verh.
zool Bot. Ges. u. Wiener Ent Zeit. (Correspondant.)

1878. Cornu (Max).— Étude sur le phylloxéra. Paris. (Correspondant.)

1878-79. Courchet (L.). — Étude sur le groupe des Aphides,
etc. Étude sur les galles. Académie des sciences et
lettres, Montpellier. (Correspondant.)

1878-80-82-83. Kessler (H.). — Lebensgesch. der auf *ulmus
campestris* vork. Aphiden Arten. Neue Beobacht. u.
Entdeck. Die auf *populus nigra* u. *dilatata* vork.
Aphiden Arten. *Schizoneura corni* u. *Sch. lanigera.*
Cassel. (Correspondant.)

1879. Riley (C. V.). — Notes on the Aphididæ of the U. S.
(avec Monell). Washington. Nombreux articles sur
les Aphides dans American Entomologist et Reports
on noxious insects of Missouri. St-Louis, de 1868 à
1884. (Correspondant.)

1879. Thomas (Cyrus). — Eight Reports on the insects of the
State of Illinois. Springfield. (Correspondant.)

1879-80-82-83. Macchiati (L.). — Afidi della Sardegna. Sas-
sari, Afidi di Calabria. Soc. ent. ital. Firenze. (Correspondant.)

1879 à 1883. Buckton (G. B.). — British Aphides, T. I à IV. Ray Society. London. (Correspondant.)

1880 à 1884. Horvath (G.). — Rapports sur le phylloxéra. Buda-Pest. *Pemphigus zeæ maidis. Tetraneura ulmi.* Revue d'entomologie. Caen. (Correspondant.)

1882. Ascherson (P.). — Terebinthen Gallen. Sitzung Be-richt der Ges : naturforsch. Freunde. Berlin.

1882. Brass (Arnold). — Das Ovarium u. die erste Entwick. Stadien der vivip. Aphiden. Zeitsch. für Ges. Nat.-wiss. Berlin.

1882 à 1884. Witlaczil. — Zur Anatomie der Aphiden. Zool. Inst. Wien. *Chaitophorus populi.* Kais. Acad. der Wiss. Wien. Entwicklung's Geschichte der Aphiden. Zeit. für Wissen. Entomologie Wien. (Correspondant.)

CHAPITRE II

Liste des espèces d'Aphidiens citées jusqu'à ce jour

Après avoir donné la liste des auteurs dont j'ai connu les ouvrages, je crois devoir la faire suivre du catalogue alphabétique des espèces d'Aphidiens qu'ils ont décrites, en indiquant, après le nom spécifique, celui du genre auquel je crois que l'espèce peut se rapporter aujourd'hui.

J'ai également tenté d'indiquer la synonymie, autant que je puis la soupçonner ; mais je dois faire mes réserves d'avance pour la révision et le perfectionnement de ce catalogue, que je ne donne que comme une indication sommaire de l'état actuel de nos connaissances sur ces insectes.

Ces préliminaires sont peut-être un peu longs et fastidieux, mais ils me paraissent indispensables pour établir jusqu'où est arrivée l'étude des Aphidiens au moment où je commence leur histoire, et les détails que je donne dans ce chapitre et les deux suivants m'épargneront beaucoup de redites dans le corps de l'ouvrage lui-même. En m'imposant la tâche de réviser et critiquer mes prédécesseurs, il est évident que je dois d'abord soumettre un résumé aussi clair et aussi concis que possible de leurs travaux.

CATALOGUE SPÉCIFIQUE DES APHIDIENS

1. *Abieticolens*   **Adelges** Thomas, Packard (*sub Chermes*).
2. *Abietina*   **Aphis** Walker, Buckton.
3. *Abietinus*   **Mindarus** Koch.
4. *Abietis*   **Adelges** Lin., Haliday, Walker. Kalt., Koch, Pass., Buckton (*sub Chermes*).
5. *Abietis*   **Lachnus** Fitch, Thomas.

6. *Abrotani*   **Hyalopterus** Koch.
7. *Absinthii*   **Siphonophora** Lin., Kaltenb., Fab. (*sub Aphis*), Koch, Pass., Buckton, Thomas, Ferrari, Macchiati.
8. *Acaroides*   **Aphis** Rafinesque.
9. *Acerifoliæ*   **Siphonophora** Thomas, Monell (*sub Drepanosiphum*).
10. *Acerifolii*   **Pemphigus** Riley, Thomas.
11. *Acerina.*   **Drepanosiphum** Walker (*sub Aphis*), Buckton, Thomas. = *D. aceris* Koch.
12. *Aceris*   **Chaitophorus** Lin., Fab., Kaltenb. (*sub Aphis*), Réaumur, Balbiani, Signoret (le Puceron brun de l'érable), Koch, Passerini, Buckton.
13. *Aceris*   **Drepanosiphum** Koch.
  »   **Siphonophora** Ferrari, Macchiati.
14. *Acetosæ*   **Aphis** Lin., Fab., Koch.
15. *Acetosæ*   **Aphis** Buckton. = *A. molluginis* Koch.
16. *Achilleæ*   **Siphonophora** Fab., Kalt. (*sub Aphis*), Koch.
17. *Achyrantes*   **Siphonophora** Monell, Thomas.
18. *Ægopodii*   **Siphocoryne** Scopoli (*sub Aphis*), Kalt = *S. capreæ* Passerini.
19. *Affinis*   **Pemphigus** Kalt., Koch, Passerini, Kessler.
20. *Agilis.*   **Lachnus** Kalt., Buckton.
21. *Alba*   **Tetraneura** Ratzeburg. = *Eriosoma pallida* Haliday.
22. *Albicornis*   **Amycla** Koch.
23. *Alliariæ*   **Siphonophora.** Lin. (*sub Aphis*), Koch, Buckton.
24. *Allii*   **Aphis** Licht. (inéd).
25. *Alismæ*   **Rhopalosiphum** Koch. = *Aphis nymphææ* Lin.
26. *Alni*   **Callipterus** Fab., Kalt. (*sub Aphis*), Koch. = *Pterocallis alni* Pass., Buckton.

27. *Alni.*   **Glyphina** Schrank, Kalt. (*sub Aphis*), Koch. = *Vacuna alni* Passerini, Ferrari = *Glyphina betulæ* Buckton.

28. *Alnifoliæ*   **Lachnus** Fitch, Thomas.

29. *Ambrosiæ*   **Aphis** Rafinesque, Thomas, Monell.

30. *Ambrosiæ*   **Siphonophora** Thomas.

31. *Americana*   **Schizoneura** Riley, Thomas.

32. *Ampullata*   **Amphorophora** Buckton. = *Rhopalosiphum staphyleæ?* Koch.

33. *Amycli*   **Tychea** Koch.

34. *Amygdali*   **Aphis** Boisduval, Thomas.

35. *Angelicæ*   **Aphis** Koch.

36. *Annulatus*   **Chaitophorus** Koch.

37. *Annulipes*   **Aphis** Rafinesque.

38. *Antennata*   **Aphis** Kalt.

39. *Antirrhini*   **Siphonophora** Macchiati.

40. *Anthrisci*   **Aphis** Kalt.

41. *Aparines*   **Aphis** Kalt. = *A. molluginis* Koch.

42. *Aparines.*   **Aphis** Schrank. = *A. papaveris* Koch, Passerini, Fabricius.

43. *Apocyni*   **Aphis** Koch, Thomas.

44. *Aquilegiæ*   **Hyalopterus** Koch, Thomas. = *H. trirhoda* Pass.

45. *Arbuti*   **Aphis** Ferrari, Macchiati.

46. *Armata*   **Aphis** Hausmann. = *A. papaveris* Kalt.

47. *Artemisiæ.*   **Siphonophora** Boyer (*sub Aphis*), Pass., Buckton, Ferrari, Macchiati (*Siph.*), Kalt., Koch.

48. *Artemisiæ*   **Siphonophora.** Koch. = *S. tanacetaria.* Kalt.

49. *Artemisiæ*   **Cryptosiphum** Buckton. *Aphis gallarum* Kalt.

50. *Arundinis*   **Hyalopterus** Fabric. (*sub Aphis*), Koch, Pass., Buckton (*Hyal.*).

51. *Asclepiadis*   **Myzus** Pass. = *Aphis nerii* Boyer.

52. *Asclepiadis*   **Siphonophora** Fitch, Thomas.

53. *Asclepiadis*   **Callipterus** Monell, Thomas.

54. *Asteris*   **Pemphigus** Licht. (inéd.)

55. *Atra*   **Siphonophora** Ferrari.

56. *Atratus*   **Adelges** Buckton (*sub Chermes*).

57. *Atriplicis*   **Aphis** Fab. = *A. papaveris.* Kalt.

58. *Atriplicis*   **Aphis** Lin.,Kalt.,Buckton,Pass.,Monell, Macchiati. = *A. chenopodii* Schrank.

59. *Aucupariæ*   **Aphis** Buckton.

60. *Aurantiæ*   **Toxoptera** Koch, Pass.,Macchiati,Boyer (*sub Aphis*).= *Aphis camelliæ* Kalt.

61. *Avellanæ*   **Siphonophora** Koch, Passer., Buckton, Macchiati (*sub Aphis*), Walker.

62. *Avellanæ*   **Myzocallis** Schrank (*sub Aphis*).=*Aphis coryli* Kalt., Götze, Mosley.=*Myzocallis coryli* Pass. = *Callipterus coryli* Koch.

63. *Avenæ*   **Aphis** Fab., Schrank, Kalt., Pass., Ferrari, Macchiati.

64. *Avenæ*   **Siphonophora** Walker (*sub Aphis*), Thomas (*Siphon*). = *Siph. cerealis* Koch et Pass.= *Siph. granaria.* Buckton, Kirby.

65. *Ballotæ*   **Aphis** Passerini, Macchiati.

66. *Balsamitæ*   **Aphis** Muller. = *A. helichrysi* Kalt.

67. *Beccabungæ*   **Aphis** Koch, Pass., Macchiati.

68. *Bella.*   **Endeis** Koch.

69. *Bella*   **Myzocallis** Walsh, Thomas. = *Callipterus bella* Monell.

70. *Berberidis*   **Rhopalosiphum** Kalt (*sub Aphis*), Koch, Pass., Buckton, Thomas, Macchiati.

71. *Betulæ*   **Callipterus** Lin., Fabric.,Kaltenb. (*sub Aphis*), Koch, Thomas.

72. *Betulæ*   **Chaitophorus** Buckton.

73. *Betulæ*   **Glyphina** Kalt.(*sub Vacuna*), Koch, Buckton (*Glyphina*). = *Aphis alni* Schrank.= *Vacuna alni* Pass.

74. *Betulæcolens*   **Callipterus** Fitch (*sub Aphis*), Monell, Thomas.

75. *Betularius*   **Callipterus** Kalt. (*sub Aphis*), Buckton.

     = *Aphis betulæ* Walker, *A. tuberculata* Heyden, *A.antennata* Kalt., *Chaitophorus tricolor* Koch.

76. *Betullelus*   **Callipterus** Walsh (*sub Aphis*). = *C. betulæ* Koch.

77. *Betulicolens* **Callipterus** Fitch (*sub Aphis*). = *C. betulæ* Koch.

78. *Betulicola*   **Callipterus** Kalt. (*sub Aphis*) Koch, Buckton.

79. *Bicolor*   **Aphis** Haldeman.

80. *Bicolor*   **Aphis** Koch.

81. *Bicolor*   **Callipterus** Koch.

82. *Bifrontis*   **Siphonophora** Pass.

83. *Bignoniæ*   **Lachnus** Macchiati.

84. *Boyeri*   **Pemphigus** Passerini. = *Aphis radicum* Boyer. *Amycla fuscifrons* Koch, forme souterraine du *Tetraneura ulmi*.

85. *Brassicæ*   **Aphis** Linné, Fab., Schrank, Kalt.. Koch, Pass., Buckton, Thomas, Ferrari, Macchiati.

86. *Brunnea*   **Aphis** Ferrari.

87. *Bumeliæ*   **Pemphigus** Schrank (*sub Aphis*), Koch (*sub Prociphilus*), Kalt.

88. *Bursarius*   **Pemphigus** Lin. (*sub Aphis bursaria partim*), Fab., Boyer (*sub Aphis*), Kalt., Koch.,Buckton, Kessler, Pass, Rudow, Macchiati.

89. *Butomi*   **Rhopalosiphum** Schrank (*sub Aphis*). = *Aphis nymphææ* Kalt. = *Rh. najadum* Koch. et *Rh. nymphææ* Pass.

90. *Calaminthæ* **Rhopalosiphum** Licht. (inéd.)

91. *Calendulæ*   **Siphonophora** Monell, Thomas.

92. *Calendulella* **Siphonophora** Monell, Thomas.

93. *Calendulicola* **Aphis** Monell.

94. *Camelliæ*   **Toxoptera** Kalt. (*sub Aphis*).= *Tox. aurantiæ* Koch, Pass.

95. *Campanulæ* **Siphonophora** Kalt. (*sub Aphis*), Koch, Pass., Ferrari, Macchiati.

96. *Candicans* **Chaitophorus** Thomas.

97. *Candicans* **Aphis** Pass.

98. *Cannabis* **Phorodon** Pass.

99. *Capreæ* **Siphocoryne** Fab., Schrank, Kalt. (*sub Aphis*). = *Rhopalosiphum Capreæ* Koch. = *Aphis pastinacæ* Lin. = *Aphis ægopodii* Scopoli. = *Rhopalosiphum cicutæ* Koch. = *Aphis umbellatorum* Koch, Buckton, Ferrari, Macchiati.

100. *Capreæ* **Chaitophorus** Schrank (*sub Aphis*) Koch, Pass., Buckton.

101. *Capsellæ* **Aphis** Kalt., Pass., Macchiati, Koch.

102. *Carduella* **Aphis** Walker, Thomas.

103. *Cardui* **Aphis** Linné, Fab., Kalt., Koch, Pass., Macchiati. = *Aphis onopordi* Schrank. = *A. chrysanthemi* Koch. = *A. leucanthemi* Scop.

104. *Carduinum* **Phorodou** Walker (*sub Aphis*), Pass., Macch.

105. *Carnosa* **Endeis** Buckton.

106. *Carnosa* **Siphonophora** Buckton.

107. *Carotæ* **Aphis** Koch, Pass., Ferr., Macc.

108. *Carpini* **Callipterus** Koch, Buckton. = *Myzocallis coryli* Pass.

109. *Carya alba* **Phylloxera** Fitch, Signoret.

110. *Caryæ* **Lachnus** Harris, Thomas

111. *Caryæ* **Callipterus** Monell, Thomas.

112. *Caryæ* **Schizonéura** Fitch, Thomas.

113. *Caryæcaulis* **Phylloxera** Fitch, Thomas.

114. *Caryæfallax* **Phylloxera** Walk., Riley.

115. *Caryæfoliæ* **Phylloxera** Fitch, Thomas.

116. *Caryæglobosa* **Phylloxera** Shimer, Thomas.

117. *Caryæglobuli* **Phylloxera** Walk., Riley.

118. *Caryægummosa* **Phylloxera** Riley.

119. *Caryæren*   **Phylloxera** Riley.
120. *Caryæsemen*   **Phylloxera** Walsh, Riley.
121. *Caryæsepta*   **Phylloxera** Shimer, Riley.
122. *Caryævenæ*   **Phylloxera** Fitch, Thomas.
123. *Castanea*   **Aphis** Koch.
124. *Castanæ*   **Callipterus** Fitch, Buckton, Thomas.
125. *Castaneæ*   **Phylloxera** Haldeman, Riley, Signoret.
126. *Calthæ*   **Rhopalosiphum** Koch.
127. *Centaureæ*   **Aphis** Koch, Pass., Macc.
128. *Cephalanthi* **Aphis** Thomas, Monell.
129. *Cerasi*   **Myzus** Fab., Kalt., Koch (*sub Aphis*), Pass., Buckton, Ferr., Macc., Thomas.
130. *Cerasi*   **Aphis** Schrank. = *A. prunicola* Kalt.
131. *Cerasofoliæ* **Aphis** Fitch, Thomas.
132. *Ceratoniæ*   **Aphis** Licht. (*inéd.*).
133. *Cerealis*   **Siphonophora** Kalt. (*sub Aphis*), Koch, Pass., Macc. = *S. granaria* Buckton. = *Aphis avenæ?* Walker.
134. *Chærophylli* **Aphis** Koch.
135. *Chamœdrys*   **Phorodon** Pass.
136. *Chamomillæ*   **Aphis** Koch.
137. *Chelidonii*   **Siphonophora** Kalt. (*sub Aphis*), Koch, Buckton.
138. *Chenopodii*   **Aphis** Schrank, Kalt. = *A. atriplicis* Pass.
139. *Chloris*   **Aphis** Koch, Pass., Ferr., Macc.
140. *Chrysanthemi* **Aphis** Koch. = *A. cardui* Pass.
141. *Cichorii*   **Aphis** Dutrochet. = *A. intybi* Koch.
142. *Cichorii*   **Siphonophora** Koch, Buckton.
143. *Cicutæ*   **Siphocoryne** Koch, (*sub Rhopalosiphum*). = *S. capreæ* Pass.
144. *Cimiciformis* **Paracletus** Kalt., Heyden, Pass., Buckt.
145. *Circœrandis*   **Aphis** Fitch, Thomas.
146. *Circumflexa*   **Siphonophora** Buckton.
147. *Cirsii*   **Siphonophora** Linné (*sub Aphis*). = *S. jaceæ* Koch.

148. *Cirsina*   **Aphis** Ferrari.
149. *Cisti*   **Aphis** Licht. (*inéd.*).
150. *Clematitis*   **Aphis** Koch, Ferrari.
151. *Clinopodii*   **Aphis** Passerini.
152. *Cnici*   **Aphis** Schrank, Kalt.
153. *Coccinea*   **Phylloxera** Heyden (*sub Vacuna*), Kalt., Boyer., Pass., Ferrari.
154. *Cærulescens*   **Pemphigus** Passerini.
155. *Coluteæ*   **Pemphigus** Passerini.
156. *Compressa*   **Schizoneura** Koch., Macch.
157. *Confinis*   **Lachnus** Koch.
158. *Consolidæ*   **Aphis** Passerini.
159. *Convolvuli*   **Siphonophora** Kalt. (*sub Aphis*), Buckton, = *Aphis vincæ* Walker.
160. *Convolvulicola* **Aphis** Ferrari, Macchiati.
161. *Coracinus*   **Chaitophorus** Koch.
162. *Coreopsidis*   **Siphonophora** Thomas.
163. *Corni*   **Anoecia** Koch. = *Schizoneura Kochii* Licht.
164. *Corni*   **Schizoneura** Fab., (*sub Aphis*), Kalt , Pass. Boyer (*sub Aphis*), Buckton. = *S. vagans* Koch.
165. *Cornica*   **Phylloxera** Shimer, Riley.
166. *Cornicola*   **Schizoneura** Walsh, Thomas
167. *Cornicularius*   **Pemphigus** Pass., Macchiati, Courchet.
168. *Cornifoliæ*   **Aphis** Fitch, Thomas, Monell.
169. *Coronillæ*   **Aphis** Ferrari.
170. *Corticalis*   **Adelges** Kalt., Buckton (*sub Chermes*) an. = *Strobi* Hart. *piceæ* Ratz.
171. *Coryli*   **Callipterus** Götze Kalt.(*subAphis*), Koch, Buckton. = *Aphis avellanæ* Schrank.= *Callipterus Carpini* Koch. = *Myzocallis Coryli* Pass.
172. *Costata*   **Lachnus** Zetterstedt. = Kalt. = *L. fasciatus* Burmeister, Koch.
173. *Craccæ*   **Aphis** Schrank, Kalt., Pass., Macchiati.= *Aphis viciæ craccæ* Lin., Fab., De Geer.

174. *Craccivora*   **Aphis** Koch.
175. *Cratægaria*   **Aphis** Walker, Buckton.
176. *Cratægi*   **Aphis** Kalt., Passer., Buckton.= *A. Pyri* Boyer, Koch.
177. *Cratægi*   **Siphonophora** Monell, Thomas.
178. *Cratægi*   **Aphis** Koch.
179. *Cratægifoliæ*   **Aphis** Fitch, Thomas, Monell.
180. *Croaticus*   **Pterochlorus** Koch (*sub Dryobius*), Buckton (*id.*). *P. longipes* Passerini.
181. *Cucubali*   **Aphis** Passerini. = *A. lychnidis* Lin.?
182. *Cucurbitæ*   **Siphonophora** Thomas.
183. *Cucurbiti*   **Aphis** Buckton.
184. *Cupressi*   **Lachnus** Buckton.
185. *Cyparissiæ*   **Siphonophora** Koch, Pass., Buckton, Ferrari, Macchiati.
186. *Cyperis*   **Myzocallis** Macchiati.
187. *Dauci*   **Aphis** Fab. = *A. plantaginis* Schrank et Passerini.
188. *Dauci*   **Forda** Goureau?
189. *Degeeri*   **Pemphigus** Kalt.
190. *Dentatus*   **Lachnus** Lebaron, Thomas.
191. *Depressa*   **Phylloxera** Shimer, Riley.
192. *Derbesi*   **Pemphigus** Licht. = *Pallidus* Derbès.
193. *Diani*   **Pemphigus** Ferrari.
194. *Dianthi*   **Aphis** Schrank, Kalt. = *Rhopalosiphum persicæ* Pass. et aut.
195. *Dilineatus*   **Hyalopterus** Buckton.
196. *Diospyri*   **Aphis** Thomas.
197. *Diplanteræ*   **Siphonophora** Koch. = *A. malvæ, var.* Mosley.
198. *Dipsaci*   **Siphonophora** Schrank, Kalt. (*subAphis*), = *Siph. rosæ* Pass.
199. *Diplepha*   **Aphis** Rafinesque, Thomas.
200. *Dirhoda*   **Siphonophora** Walker (*sub Aphis*), Buckton.
201. *Discolor*   **Callipterus** Monell, Thomas.

202. *Discrepans*   **Aphis** Koch. = *A. pyri* Boyer.
203. *Donacis*   **Aphis** Passer., Ferrari, Macch.
204. *Dryophila*   **Vacuna** Schrank, Ratz (*sub Aphis*), Heyden, Kalt., Koch, Pass. = *Thelaxes dryophila* Westwood et Buckton. = *Cinara quercus* Mosley.
205. *Dubia*   **Siphonophora** Ferrari.
206. *Dubia*   **Rhopalosiphum** Curtis (*sub Aphis*) = *Rh. persicæ* Pass.
207. *Edentula*   **Aphis** Buckton.
208. *Elegans*   **Callipterus** Koch.
209. *Elegans*   **Rhopalosiphum** Ferrari, Macchiati.
210. *Epilobii*   **Aphis** Kalt., Koch, Buckton.
211. *Eragrostidis*   **Tychea** Passer., Buckton.
212. *Eragrostidis*   **Glyphina** Middleton, Thomas.
213. *Erigeronensis*   **Siphonophora** Thomas.
214. *Erigeronensis*   **Tychea** Thomas.
215. *Eriophoris*   **Hyalopterus** Walker (*sub Aphis*), Buckton.
216. *Erraticus*   **Prociphilus** Koch.
217. *Erraticum*   **Rhopalosiphum** Koch.
218. *Erysimi*   **Aphis** Kalt.
219. *Eupatorii*   **Aphis** Pass.
220. *Euphorbiæ*   **Aphis** Kalt., Koch, Pass., Ferrari, Macchiati.
221. *Euphorbiæ*   **Siphonophora** Thomas.
222. *Euphorbicola*   **Siphonophora** Thomas.
223. *Evonymi*   **Aphis** Fab., Koch, Kalt., Pass., Buckton, Macchiati.
224. *Fabæ*   **Aphis** Scop. = *A. papaveris* Pass.
225. *Fagi*   **Phyllaphis** Lin., Fab., Boyer (*sub Aphis*), Kalt. (*sub Lachnus*), Koch, Pass , Buckton, Thomas.
226. *Farfaræ*   **Aphis** Koch, Buckton, Ferrari, Macchiati.
227. *Fasciatus*   **Lachnus** Kalt., Koch.

228. *Fasciatus*   **Lachnus** Burmeister.= *L. Roboris* Kalt.?
= *Dryobius roboris* Koch ? = *Aphis ro-
boris* Lin. ?

229. *Filaginis*   **Siphonophora** Licht. (*inéd.*).

230. *Filaginis*   **Pemphigus** Boyer (*sub Aphis*), Pass.,
Buckton, Macchiati. = *Pem. gnaphalii*
Kalt. = *Prociphilus gnaphalii* Koch.

231 *Filaginis*   **Aphis** Licht. (*inéd.*).

232. *Flavescens*   **Trama** Koch.

233. *Florentina*   **Phylloxera** Targioni, Macchiati. = *Ph.
Signoretti* Targioni.

234. *Fodiens*   **Schizoneura** Buckton.

235. *Fœniculi*   **Siphocoryne** Pass., Buckton, Macchiati.

236. *Follicularius*   **Pemphigus** Pass., Courchet, Macchiati.

237. *Forcata*   **Phylloxera** Shimer, Riley.

238. *Formicaria*   **Forda** Heyden, Kalt., Koch, Pass., Buckton. = *Rhizoterus vacca* Hartig.

239. *Formicarius*   **Pemphigus** Walsh, Thomas.

240. *Formicetorum*   **Pemphigus** Walsh, Thomas.

241. *Formicina*   **Endeis** Buckton.

242. *Fragariæ*   **Siphonophora** Koch, Buchton, Thomas.

243. *Frangulæ*   **Aphis** Kalt., Koch, Pass., Macchiati.

244. *Fraxini*   **Prociphilus** Fab., Geoffroy, Kalt. (*sub
Aphis*). = *Pr. bumeliæ* Koch, Schrank
(*sub Aphis*).

245. *Fraxinifolii*   **Pemphigus** Thomas, Riley. = *P. nidificus* Löw ?

246. *Fuliginosa*   **Schizoneura** Buckton.

247. *Fungicola*   **Schizoneura**, Walsh, Thomas.

248. *Furcipes*   **Aphis** Raffinesque, Thomas.

249. *Fuscus*   **Lachnus** Geoffroy (*sub Aphis*). = *Lachnus quercûs* Pass.

250. *Fuscicornis*   **Amycla** Koch.

251. *Fuscifrons*   **Amycla** Koch. = *Aphis radicum* Boyer.
Pemphigus Boyeri Pass. = *Pem. zeæ may-
dis* Buckton, Löw.

252. *Galeactitis*   **Rhopalosiphum** Macchiati.

253. *Galeopsidis*   **Phorodon** Kalt. (*sub Aphis*), Pass., Buckton, Macchiati.

254. *Galii*   **Aphis** Kalt., Pass., Macchiati.

255. *Gallarum*   **Aphis** Kalt., Rudow, Macchiati. = *A. artemisiæ* Pass. *olim.*

256. *Gallarum*   **Aphis** De Geer. = *Chermes abietis* Lin. et aut.

257. *Gei*   **Siphonophora** Koch.

258. *Genistæ*   **Aphis** Scop., Kalt., Koch, Pass., Macchiatti.

259. *Genistæ*   **Aphis** Boyer. = *A. Laburni* Pass.

260. *Gerardiæ*   **Siphonophora** Thomas.

261. *Gibbosa*   **Aphis** Raffinesque.

262. *Glandiformis*   **Pemphigus** Rudow an *P. spirothecæ* ? Kessler.

263. *Glauca*   **Siphonophora** Buckton. = *S. rosæ* aut. var.

264. *Glaucii*   **Siphonophora** Licht. (inéd.)

265. *Glyceriæ*   **Sipha** Kalt. (*sub Aphis*), Pass.

266. *Gnaphalii*   **Pemphigus** Kalt., Koch (*s. Prociphilus*). = *P. filaginis* Pass., Boyer (*s. Aphis*).

267. *Gnidii*   **Siphonophora** Licht. (inéd.).

268. *Gracilis*   **Myzus** Buckton.

269. *Graminis*   **Tychea** Koch.

270. *Graminum*   **Toxoptera** Rondani (*s. Aphis*), Pass Macchiati.

271. *Granaria*   **Siphonophora** Kirby (*s. Aphis*), Buckton, Monell. = *S. cerealis* Koch., Pass.,
Kalt. (*s. Aphis*). = *A. avenæ* Fab., *A. hordei* Kyber.

272. *Grossulariæ*   **Aphis** Kalt., Koch.

273. *Hamadryas*   **Adelges** Koch (*sub Anisophleba*).

274. *Hederæ*   **Aphis** Kalt., Koch, Pass., Buckton,
Macchiati, Ferrari.

275. *Helianthemi*   **Aphis** Ferrari.

276. *Helianthi* **Aphis** Monell, Thomas.
277. *Helichrysi* **Aphis** Kalt., Koch, Pass., Macchiati.
278. *Heraclei* **Aphis** Koch.
279. *Heucheræ* **Siphonophora** Thomas.
280. *Hibernaculorum* **Aphis** Boyer.
281. *Hieracii* **Siphonophora** Kalt. (*s. Aphis*), Koch, Buckton, Macchiati. Buckton l'a aussi *sub Aphis*.
282. *Hippophaes* **Rhopalosiphum** Koch, Ferrari.
283. *Holci* **Aphis** Ferrari.
284. *Hordei* **Siphonophora** Kyber (*s. Aphis*). = *S granaria* Buckton.
285. *Humuli* **Phorodon** Schranck, Kalt., Koch (*s. Aphis*) Pass., Buckton, Thomas. = *Aphis pruni* Scop.
286. *Hyalinus* **Lachnus** Koch.
287. *Hyalinus* **Callipterus** Monell, Thomas.
288. *Hyperici* **Aphis** Monell, Thomas (*s. Myzocallis*).
289. *Hyperophilus* **Lachnus** Koch.
290. *Ilicis* **Aphis** Kalt., Macchiati.
291. *Imbricator* **Schizoneura** Fitch, Riley (*sub Pemphigus*), Thomas.
292. *Immaculata* **Siphonophora** Riley. = *S. fragariæ* Koch, selon Thomas.
293. *Impatientis* **Aphis** Thomas.
294. *Infaustus* **Pemphigus** Ferrari, var. de *P. spirothecæ* Pass.
295. *Infuscata* **Aphis** Koch.
296. *Insignis* **Myzocallis** Ferrari, var. *M. quercûs* aut.
297. *Insititiæ* **Aphis** Koch.
298. *Instabilis* **Aphis** Buckton.
299. *Intybi* **Aphis** Koch, Pass., Macchiati.
300. *Inulæ* **Phorodon** Pass., Macchiati. = *Aphis galeopsidis* Walker.
301. *Inulæ* **Siphonophora** Ferrari, Macchiati.
302. *Isatidis* **Aphis** Boyer. = *A. brassicæ* aut.

303. *Jaceæ*   **Siphonophora** Lin., Kalt., Schrk. (*sub Aphis*),Koch, Pass.,Buckton, Macchiati, = *Aphis cirsii* Gmel., Scop. = *Aphis sonchi* (partim) Walker.= *Siph. artemisiæ?* Koch.

304. *Jacobææ*   **Aphis** Koch, p. 70, nec. Schrank.

305. *Jacobææ*   **Aphis** Schrank, Kalt., Koch, p. 95. = *A. senecionis* Koch in litt.

306. *Jani*   **Aphis** Ferrari.

307. *Juglandicola*   **Callipterus** Kalt. (*S. Lachnus*), Koch, Pass.=*Pterocallis juglandicola* Buckton.

308. *Juglandis*   **Callipterus** Frisch. (*s. Aphis*), Kalt. (*s. Lachnus*) Koch, Pass., Macchiati. = *Ptychodes juglandis* Buckton.

309. *Jujubæ*   **Rhizobius** Buckton.

310. *Juniperi*   **Lachnus** De Geer, Fabricius (*sub Aphis*). Kalt., Koch, Pass., Buckton.

311. *Kochii*   **Schizoneura** Licht. = *Anœcia corni* Koch.

312. *Kochii*   **Siphonophora** Ferrari. = *Siph. artemisiæ* Koch.

313. *Laburni*   **Aphis** Kalt., Koch, Pass., Buckton.

314. *Lactucæ*   **Siphonophora** Linné, Schrank, Fab. (*s. Aphis*), Pass., Buckton, Ferrari, Thomas, Macchiati.

315. *Lactucæ*   **Aphis** Boyer, Pass., Macchiati.

316. *Lactucæ*   **Rhopalosiphum** Kalt. Schrank, Buckton, Ferrari, Macchiati.

317. *Lactucæ*   **Siphonophora** Koch = *Siph. sonchi* aut.

318. *Lactucæ*   **Rhizobius** Fitch, Thomas.

319. *Lactucarius*   **Pemphigus** Pass., Ferrari, Macchiati, Buckton.

320. *Lagerstrœmiæ* **Aphis** Licht. (inéd.)

321. *Lamii*   **Aphis** Koch.

322. *Lanigera*   **Schizoneura** Haussmann (*s. Aphis*), Kalt.,

	Hartig, Pass., Thomas, Buckton, Macchiati. = *Myzoxylus mali* Blot. = *Aphis mali* Tougard.
323. *Lantanæ*	**Cladobius** Koch (*s. Aphis*), Pass., Macchiati.
324. *Lanuginosa*	**Schizoneura** Hartig, Kalt., Koch, Pass., Buckton. = *Aphis ulmi* Boyer = *Mimaphidus ulmi* Rondani.
325. *Lappæ*	**Aphis** Koch, Pass.
326. *Larifex*	**Lachnus** Fitch, Thomas.
327. *Laricifoliæ*	**Adelges** Fitch, Thomas (*sub Chermes*).
328. *Laricis*	**Adelges** Hartig, Kalt., Koch, Buckton (*sub Chermes*).= *laricis* Vallot.= *Eriosoma laricis* Mosley. = *Chermes geniculatus* Ratzeburg.
329. *Lataniæ*	**Cerataphis** Licht.
330. *Lathyri*	**Siphonophora** Walker, Mosley (*s. Aphis*). = *Siph. pisi* Buckton.
331. *Lentiginis*	**Aphis** Buckton.
332. *Lentisci*	**Aploneura** Pass., Ferrari, Macchiati.
333. *Leucanthemi*	**Siphonophora** Ferrari, Macchiati.
334. *Leucomelas*	**Chaitophorus** Koch, Pass., Buckton, Kessler.= Ch. var. *Lyratus* Ferrari.
335. *Ligustici*	**Aphis** Fab., Kalt.
336. *Ligustri*	**Rhopalosiphum** Kalt. (*s. Aphis*), Koch, Pass., Buck., Macch., Ferrari.
337. *Ligustrinellum*	**Asiphum** Koch.
338. *Lilacina*	**Siphonophora** Ferrari.
339. *Lilii*	**Aphis** Licht. (inéd.).
340. *Linariæ*	**Siphonophora** Koch.
341. *Linariæ*	**Aphis** Licht. (inéd.).
342. *Liriodendri*	**Siphonophora** Monell, Thomas.
343. *Longipennis*	**Siphonophora** Buckton.
344. *Longipes*	**Pterochlorus** Léon Dufour (*s. Aphis*), Ferrari, Macchiati = *Aphis roboris* Boyer. = *Pter. roboris* Rondani. =

Dryobius croaticus Koch. = Lachnus longipes Buckton. Ces synonymes ne me paraissent pas très-exacts.

345. *Longirostris*	**Lachnus** Boyer (*s. Phylloxera*). = *Lachnus quercûs* Pass.
346. *Longirostris*	**Lachnus** Fab. = (*sub Aphis*), Pass., Macchiati.
347. *Longistigma*	**Lachnus** Monell, Thomas.
348. *Longitarsis*	**Lachnus** Ferrari, Macchiati.
349. *Loniceræ*	**Châitophorus** Monell (*s. Aphis*), Thomas.
340. *Loniceræ*	**Siphocoryne** Siebold, Kalt., Boyer (*sub Aphis*). = *Rhopalosiphum loniceræ* Koch. = *Siph. Xylostei* Pass.
351. *Loniceræ*	**Pemphigus** Hartig., Kalt. = *Aphis Xylostei* De Geer.
352. *Lutea*	**Siphonophora** Buckton.
353. *Lutescens*	**Aphis** Monell, Thomas.
354. *Lychnidis*	**Myzus** Lin., Kalt., Koch Fab., Buck, (*s. Aphis*), Pass.
355. *Lyratus*	**Chaitophorus** Ferrari = *Ch. leucomelus*, aut. var.
356. *Lythri*	**Myzus** Schrank, Kalt. (*sub Aphis*), Pass., Ferrari.
357. *Macrocephalus*	**Lachnus** Buckton.
358. *Maculata*	**Pterocallis** Huyden, Kalt. (*sub Aphis*). = *Aphis alni* Fab. = *Pt. alni* Pass.
359. *Maculatus*	**Lachnus** Licht. (inéd.).
360. *Magnoliæ*	**Aphis** Macchiati.
361. *Mahaleb*	**Myzus** Boyer (*s. Aphis pruni mahaleb*), Koch (*s. Aphis*), Pass., Macch = *Phorodon humuli var.* Buckton, Thomas.
362. *Mali*	**Aphis** Fab. Kalt. Koch, Pass., Puckton, Thomas, Macchiati.= *A. pomi* De Geer. = *A. oxyacanthæ* Schrank.
363. *Mali*	**Myzus** Ferrari, Macchiati.

364. *Mali*   **Schizonëuræ** Tougard (*s. Aphis*) = *Sch. lanigera* aut.

365. *Malifolii*   **Aphis** Fitch, Thomas.

366. *Malvæ*   **Aphis** Koch, Pass., Macch.

367. *Malvæ*   **Siphonophora** Mosley, Walker, Buckton (*s. Aphis*), Pass., Macch. = *Aphis pelargonii* Kalt. = *A. pallida* Walker. = *Siph. pelargonii* et *S. diplantheræ* Koch.

368. *Marginata*   **Forda** Koch.

369. *Marginipennis*   **Aphis** Hald., Thomas.

370. *Marsupialis*   **Pachypapa** Koch, Rudow, Kessler.

371. *Marsupialis.*   **Pemphigus** Courchet. = *P. ovato-oblongus* Kessler.

372. *Matricariæ*   **Myzus** Macchiati.

373. *Maydis*   **Aphis** Fitch, Thomas.

374. *Maydis*   **Sipha** Pass., Thomas, Macch.

375. *Medicaginis*   **Aphis** Koch, Pass., Thomas, Monell., Macchiati, Ferrari.

376. *Melanocephalus*   **Hyalopterus** Buckton.

377. *Menthæ*   **Rhizobius** Pass.

378. *Menthæ*   **Siphonophora** Buckton, Thomas.

379. *Middletonii*   **Aphis** Thomas.

380. *Millefolii*   **Siphonophora** Fab. , Kalt , Schrank, Walker (*sub Aphis*), Koch, Pass., Buck., Macch.

381. *Mimosæ*   **Aphis** Ferrari.

382. *Molluginis*   **Aphis** Koch.

383. *Mucidus*   **Callipterus** Thomas.

384. *Muralis*   **Siphonophora** Buckton.

385. *Myopori*   **Aphis** Macchiati.

386. *Myosotidis*   **Aphis** Koch, Pass., Ferr., Macch.

387. *Myricæ*   **Aphis** Kalt.

388. *Najadum*   **Rhopalosiphum** Koch = *Rh. nymphææ* Pass.

389. *Napelli.*   **Aphis** Schrank, Kalt.

390. *Nasturtii* — **Aphis** Kalt., Koch, Pass.= *Siphonophora nasturtii* Koch.

391. *Negundinis* — **Chaitophorus** Thomas.

392. *Nepetæ* — **Aphis** Kalt.

393. *Nerii* — **Aphis** Kalt., Pass., Macch.

394. *Nerii* — **Myzus** Boyer, Thomas. (*s Aphis*). = *Myzus asclepiadis* Pass., Ferr.

395. *Nidificus* — **Pemphigus** Löw.= *Fraxinifolii* Thomas?

396. *Nigritarsis* — **Aphis** Heyden, Kalt.

397. *Nymphææ* — **Rhopalosiphum** Fab., Kalt., Lin. (*sub Aphis*), Koch. Pass., Buckt., Ferr., Macch. = *Aphis butomi* Schrk.

398. *Oblongus* — **Callipterus** Heyden, Kalt. (*sub Aphis*), Koch. Ferrari.

399. *Obscura* — **Siphonophora** Koch.

400. *Ochropus* — **Aphis** Koch.

401. *Œnanthis* — **Aphis** Licht. (inéd.).

402. *Olivata* — **Siphonophora** Buckton.=*Aphis carduina* Walker.

403. *Onobrychis* — **Siphonophora** Boyer (*s. Aphis*).= *Siph. pisi* Buckton.

404. *Ononis* — **Siphonophora** Koch, Ferrari, Macchiati.

405. *Ononidis* — **Myzocallis** Kalt., (*s.Aphis*), Pass., Ferr., Macch. = *Chaitophorus ononidis* Koch.

406. *Onopordi* — **Aphis** Schrank, Kalt. = *A. cardui* Lin.

407. *Opima* — **Aphis** Buckton.

408. *Opuli* — **Aphis** Sulzer. = *A. viburni* Pass.

409. *Oreaster* — **Aphis** Raff., Thomas.

410. *Origani* — **Aphis** Pass.

411. *Orobanches* — **Aphis** Pass., Macch.

412. *Ovato-oblongus* — **Pemphigus** Kessler= *P. marsupialis condret.*

413. *Oxalis* — **Aphis** Macchiati.

414. *Oxyacanthæ* — **Myzus** Schrank, Koch (*s. Aphis*), Pass. Macch. = *Aphis mali* Fab

415. *Padi* — **Aphis** Linn. Pass., Buckton, Fab., Kalt., Koch.

416. *Paliuri*   **Aphis** Licht. (inéd.).

417. *Pallida*   **Siphonophora** Walker, *var. Aph. malvæ.* = *Siph. pelargonii* Buck.

418. *Pallidus*   **Pemphigus** Haliday (*sub. Erisoma* Buckton = *Pem. albus et ulmi* Licht. = *Tetraneura alba* Ratz, Kessler.

419. *Pallidus*   **Pemphigus** Derbes. = *Pem Derbesi* Licht.

420. *Panici*   **Tychea** Thomas.

421. *Panicola*   **Shizoneura** Thomas.

422. *Papaveris*   **Aphis** Fab., Kalt., Koch, Pass., Buckton, Macchiati.

423. *Parietariæ*   **Aphis** Licht. (inéd.).

424. *Passerinii*   **Schizoneura** Signoret.

425. *Pastinacæ*   **Siphocoryne** Lin., Fab. (*s. Aphis*), Buckton, Thomas. = *Siph. capreæ* Pass. = *Rhopalosiphum capreæ* Koch.

426. *Pedicularis*   **Aphis** Buckton.

427. *Pelargonii*   **Siphonophora** Kalt., Koch (*s. Aphis*). = *Siph. malvæ* Pass.

428. *Pellucida*   **Endeis** Buckton.

429. *Penicillata*   **Aphis** Buckton.

430· *Perforatus*   **Aphis** Signoret. = *Chaitophorus aceris* Koch.

431. *Persicæ*   **Aphis** Boyer, Kalt., Pass. = *A. insititiæ* Koch.

432. *Persicæ*   **Myzus** Pass., Buck., Thomas, Ferr., Mac.

433. *Persicæ*   **Rhopalosiphum** Sulzer., Morren (*s. Aphis*) Pass., Ferr., Macch. = *Aphis dianthi* Kalt.

434. *Persicæcola*   **Rhopalosiphum** Boisduval (*s. Aphis*) = *Rhop. dianthi* Buckton.

435. *Petasitidis*   **Aphis** Buckton.

436. *Phaseoli*   **Tychea** Pass., Buckton.

437. *Phelipææ*   **Aphis** Pass.

438. *Piceæ*   **Lachnus** Panz., Fab. (*s. Aphis*) Buckton, = *Lachnus grossus* Kalt.

439. *Picridis*   **Siphonophora** Fab., Kaltenb. (*sub Aphis*) Pass., Ferr., Macch. = *Aph. cichorii* Dutrochet. = *Siph. cichorii* Koch.

440. *Pictus*   **Pterocallis** Ferrari.

441. *Pilosa*   **Aphis** Hald., Thomas.

442. *Pilosa*   **Glyphina** Buckton.

443. *Pilosa*   **Pterocomma** Buckton.

444. *Pilosellæ*   **Rhizobius** Burmeister, Kalt.

445. *Pimpinellæ*   **Aphis** Kalt., Koch.

446. *Pineti*   **Lachnus** Fab. (*s. Aphis*), Kalt., Koch.

447. *Pini*   **Rhizobius** Burm., Kalt.

448. *Pini*   **Adelges** Koch (*s. Anisophleba*), Buckton (*sub Chermes*).

449. *Pini*   **Lachnus** Lin., Fab. (*s. Aphis*), Koch, Buckton. = *A. nuda pini* De Geer.

450. *Pinicola*   **Lachnus** Kalt., Pass., Buckt. = *Aphis piniphila* Ratz.

451. *Pinicola*   **Schizoneura** Thomas.

452. *Pinicolens*   **Chaitophorus** Fitch (*s. Aphis*). = *Ch. populicola?* Thomas.

453. *Pinifoliæ*   **Adelges** Thomas *(sub Chermes)*.

454. *Piniphila*   **Lachnus** Ratz. (*s. Aphis*) = *L. pinicola* aut:

455. *Pisi*   **Siphonophora** Kalt. (*s. Aphis*), Koch, Buckton, Thomas. = *A. ulmariæ* Schrk. = *A. onobrychis* Boyer = *A. lathyri* Walker, Mosley. = *Siph. ulmariæ* Pass

456. *Pistaciæ*   **Pemphigus** Lin., Fab., Boyer (*sub Aphis*). = les divers *Pemphigus* du *pistacia lentiscus* et *terebinthus*.

457. *Plantagineus*   **Myzus** Pass., Macch.

458. *Plantaginis*   **Aphis** Schrank, Kalt., Koch, Pass., Macch. = *A. dauci* Fab.

459. *Platani*   **Lachnus** Kalt. = *Callipterus elegans* Koch.

460. *Platanoïdes*   **Siphonophora** Schrank, Kalt. (*s. Aphis*), Pass., Macch. = *Drepanosiphum platanoïdes.* Koch, Buck.

461. *Poæ*   **Rhizobius** Buckton.
462. *Poæ*   **Rhizobius** Thomas.
463. *Polyanthis*   **Aphis** Sulzer, Pass., Macch. = *A. tube-rosæ* Boyer.
464. *Polygoni*   **Siphonophora** Buck., Thomas.
465. *Pomi*   **Aphis** De Geer. = *A. mali* Fab.
466. *Popularius*   **Pemphigus** Fitch (*s. Aphis*), Thomas.
467. *Populeus*   **Cladobius** Kalt.(*s. Aphis*), Koch., Pass., Macch. = *Chaitophorus populeus* Buck., *Lachnus punctatus* Burm.
468. *Populi*   **Chaitophorus** Lin., Kalt., Fab. (*s. Aphis*), Koch, Pass., Buck., Macch. = *Asiphum populi* Koch.
469. *Populi*   **Pemphigus** Courchet.
470. *Populi albæ*   **Aphis** Boyer.
471. *Populi caulis*   **Pemphigus** Fitch, Thomas.
472. *Populi caulis*   **Chaitophorus** Thomas.
473. *Populifoliæ*   **Aphis** Fitch, Thomas.
474. *Populi globuli*   **Pemphigus** Fitch, Thomas.
475. *Populi monilis*   **Pemphigus** Riley, Thomas.
476. *Populi ramulo-rum*   **Pemphigus** Riley, Thomas.
477. *Populi trans-versus*   **Pemphigus** Riley, Thomas.
478. *Populi venæ*   **Pemphigus** Fitch., Thomas.
479. *Populneus*   **Pemphigus** Koch, Rudow (*sub Theca-bius*). = *P. affinis* Kalt.
4 0. *Portulacæ*   **Myzus** Macchiati.
481. *Protospiræ*   **Pemphigus** Licht. (inéd.).
482 *Pruni*   **Hyalopterus** Kab., Kalt.(*s.Aphis*), Koch, Pass., Thomas, Macch.
483. *Pruni*   **Aphis** Koch.
484. *Pruni*   **Phorodon** Scop. = *Phorodon humuli* aut.
485. *Prunicola*   **Aphis** Kalt., Pass., Macch.=*Aphis cerasi* Schrank.

486. *Prunifoliæ*   **Aphis** Fitch, Monell, Thomas. = *A. pruni* Koch.

487. *Prunina*   **Aphis** Walker, Pass.

488. *Pseudo-byrsa*   **Pemphigus** Walsh., Thomas.

489. *Pubescens*   **Trama** Koch. = *T. troglodytes* Pass.

490. *Punctatus*   **Callipterus** Monell, Thomas.

491. *Punctata*   **Phylloxera** Licht., Buckton.

492. *Punicæ*   **Aphis** Pass.

493. *Pyrarius*   **Myzus** Pass., Macch. = *Aphis pyraria* Buck.

494. *Pyri*   **Aphis** Boyer, Koch, Buck.

495. *Pyri*   **Pemphigus** Fitch. = *Eriosoma pyri* Riley.

496. *Pyri*   **Aphis** Koch, Ferrari.

497. *Pyriformis*   **Pemphigus** Licht.

498. *Pyrinus*   **Myzus** Ferrari, Macchiati.

499. *Quadritubercu-lata*   **Aphis** Kalt.

500. *Quercea*   **Myzocallis** Kalt. (*sub Aphis*). Pass. = *Callipterus quercûs*. Buck.

501. *Querci*   **Schizoneura** Fitch, Thomas.

502. *Quercicola*   **Callipterus** Monell, Thomas.

503. *Quercicola*   **Chaitophorus** Monell, Thomas.

504. *Quercifoliæ*   **Lachnus** Fitch, Thomas.

505. *Querci folii*   **Drepanosiphum** Walk. (*s. Aphis*) Thomas.

506. *Querci folii*   **Callipterus** Thomas.

507. *Quercina*   **Psylloptera** Ferrari.

508. *Quercûs*   **Myzocallis** Kalt. (*s. Aphis*), Pass., Ferr , Macchiati. = *Callipterus quercûs* Koch. Buck.

509. *Quercûs*   **Lachnus** Lin., Fab. (*s. Aphis*), Kalt., Pass., Macch. = *Aphis fusca* Geoff. = *Phyllo-xera longirostris* Boyer. = *Stomaphis quercûs* Buckt.

510. *Quercûs*   **Stomaphis** Buckton. = *Lachnus quercûs* aut.

511. *Quercûs* — **Phylloxera** Boyer, Buckt. = *P. cocci-nea* Kalt. *partim.*

512. *Radicis* — **Trama** Kalt., Koch. =*Trama troglodytes* Pass.

513. *Radicum* — **Pemphigus** Boyer (*s. Aphis*) = **Amycla** *fuscifrons* Koch. = *Pemphigus Boyeri* Pass.

514. *Ranunculi* — **Aphis** Kalt., Pass., Macch.

515. *Ranunculi* — **Pemphigus** Kalt., Pass.

516. *Raphani* — **Aphis** Schrank. = *Aphis brassicæ* aut.

517. *Rapæ* — **Rhopalosiphum** Curtis (*s. Aphis*). = *Rhop. persicæ* Pass.

518. *Reaumuri* — **Schizoneura** Kalt. = *Pachypapa vesica-lis* Koch. ?

519. *Retroflexus* — **Pemphigus** Courchet.

520. *Rhamni* — **Aphis** Schrank, Kalt.=*A. frangulæ* Koch, Pass.

521. *Rhamni* — **Myzus** Boyer (*s. Aphis*), Macch. = *Aphis rhamni* Koch.

522. *Rhei* — **Aphis** Koch.

523. *Rhodryas* — **Aphis** Raffinesque.

524. *Rhoïs* — **Pemphigus** Fitch, Riley, Thomas.

525. *Rhoïs* — **Rhopalosiphum** Monell., Thomas.

526. *Ribicola* — **Siphonophora** Kalt. (*s. Aphis*), Koch.

527. *Ribis* — **Myzus** Lin., Fab., Kalt. (*s. Aphis*), Pass. Buch., Ferr., Macch., Thomas.=*Rhopa-losiphum ribis* Koch, Buck.

528. *Rileyi* — **Schizoneura** Thomas. = *Eriosoma ulmi* Riley.

539 *Rileyi* — **Phylloxera** Licht., Riley, Thomas.

530. *Roboris* — **Pterochlorus** Lin., Fab., Boyer (*s. Aphis*), Kalt. (*s. Lachnus*), Pass., Ferr.=*Dryo-bius roboris* Koch, Buck. = *Cinara ro-boris* Curtis. =*Lachnus fasciatus* Burm.?

531. *Rosæ* — **Siphonophora** Lin., Fab., Kalt. (*s. Aphis*) Koch, Pass., Buck., Thomas, Macch.

532. *Rorea* — **Endeis** Koch.
533. *Rosæcola* — **Siphonophora** Pass., Macch.
534. *Rosarum* — **Myzus** Kalt. (*sub Aphis*), Koch, Buck. (*sub Siphonophora*). = *Aphis tetrarhoda* Walker. = *Myzus tetrarhoda* Pass.
535. *Roseum* — **Myzus** Macchiatti.
536. *Rubecula* — **Aphis** Haldemann.
537. *Rubi* — **Siphonophora** Kalt. (*sub Aphis*), Koch, Buck., Thomas.
538. *Rubi* — **Pemphigus** Thomas.
539. *Rubifolii* — **Sipha** Thomas.
540. *Rubra* — **Tetraneura** Licht.
541. *Rudbeckiæ* — **Siphonophora** Fitch, Monell, Thomas.
542. *Rumicis* — **Aphis** Lin., Fab., Kalt., Koch, Pass., Buckt., Macch., Thomas.
543. *Salicariæ* — **Aphis** Koch.
544. *Salicelis* — **Lachnus** Fitch, Thomas.
545. *Saliceti* — **Aphis** Kalt., Koch., Pass., Buck.
546. *Salicicola* — **Siphonophora** Monell (*sub Aphis*), Thomas.
547. *Salicicola* — **Lachnus** Uhler, Thomas.
548. *Salicicola* — **Chaitophorus** Monell, Thomas.
549. *Salicis* — **Melanoxanthus** Lin., Kalt., Fab. (*sub Aphis*), Buck.
550. *Salicis* — **Rhopalosiphum** Monell, Thomas.
551. *Salicivora* — **Chaitophorus** Pass., Buck. = *Aphis salicivora* Walker.
552. *Salicti* — **Chaitophorus** Schrank, Kalt. (*s. Aphis*), Pass. = *Ch. saliceti* Macch.
553. *Saligna* — **Lachnus** Walker (*s. Aphis*). = *L. viminalis.* Pass.
554. *Sambucaria* — **Aphis** Pass., Buck., Macch.
555. *Sambuci* — **Aphis** Lin., Fab., Kalt., Koch, Pass., Thomas.
556. *Sanguisorbæ* — **Aphis** Schrk., Kalt.
557. *Scabiosæ* — **Aphis** Schrank, Kalt., Pass., Buck. =

Aphis centaureæ Koch. = *Aphis chloris* Koch ?

558. *Scabiosæ*   **Siphonophora** Buckton ?

559. *Scirpi*   **Toxoptera** Pass., Macch.

560. *Scrophulariæ*   **Siphonophora** Buckton.

561. *Scrophulariæ*   **Phorodon** Thomas.

562. *Scutifera*   **Phylloxera** Signoret.

563. *Sedi*   **Aphis** Kalt., Koch, Pass., Buck.

564. *Semilunarius*   **Pemphigus** Pass.

565. *Serpylli*   **Aphis** Koch, Pass.

566. *Serratulæ*   **Siphonophora** Lin., Kalt. (*sub Aphis*). = *Aphis sonchi* Lin., Schr., Walker.= *Siphonophora cichorii* Koch.

567. *Seselii*   **Aphis** Licht. (inéd.).

568. *Setariæ*   **Tychea** Pass., Buck.

569. *Setariæ*   **Siphonophora** Monell (*s. Aphis*), Thomas.

570. *Setulosa*   **Tychea** Pass., Buck.

571. *Silenea*   **Aphis** Ferrari, Macch.

572. *Silybi*   **Aphis** Pass., Macch.

573. *Sinensis*   **Schlechtendalia** Licht.

574. *Sisymbrii*   **Siphonophora** Buck.

575. *Smaragdinum*   **Drepanosiphum** Koch.

576. *Smithiæ*   **Chaitophorus** Monell, Thomas.

577. *Solani*   **Siphonophora** Kalt. (*s. Aphis*), Pass., Macch.

578. *Solani*   **Megoura** Thomas.

579. *Solanina*   **Aphis** Pass., Macch.

580. *Solidagnis*   **Siphonophora** Fab., Kalt. (*s. Aphis*), Koch, Pass., Buck.

581. *Sonchella*   **Siphonophora** Monell. = *Aphis sonchi* Lin. ?

582. *Sonchi*   **Siphonophora** Lin., Fab. (*s. Aph.*), Pass., Buck., Ferr., Macch. = *Aphis campanulæ* Kalt. = *Siphonophora lactucæ, S. Alliariæ, S. Achilleæ* Koch. = *Aphis serratulæ* Lin., Schrk., Kalt.

583. *Sonchi*   **Rhizobius** Pass., Macch.

584. *Sorbi*   **Aphis** Kalt., Koch, Buck.

585. *Spartii*   **Siphonophora** Koch.

586. *Spectabilis*   **Aphis** Ferrari.

587. *Sphondylii*   **Hyalopterus** Koch.

588. *Spinosa*   **Phylloxera** Shimer, Riley.

589. *Spinosus*   **Hormaphis** Riley, Shimer.

590. *Spinulosa*   **Phylloxera** Targioni.

591. *Spirothecæ*   **Pemphigus** Pass., Kessler. = *P. affinis* Koch.

592. *Staphyleæ*   **Rhopalosiphum** Koch. = *Amphorophora ampullata* Buck. ?

593. *Stellariæ*   **Brachycolus** Hardy (*sub Aphis*), Buckton.

594. *Strobi*   **Lachnus** Fitch, Thomas.

595. *Strobi*   **Schizoneura** Fitch, Thomas.

596. *Strobilobius*   **Adelges** Kalt. (*s. Chermes*).

597. *Subterranea*   **Aphis** Walker, Buckton. = *Aphis carotæ* Koch, Pass.

598. *Subterranea*   **Siphonophora** Koch.

599. *Subterraneus*   **Rhizobius** Kalt. = *Rhizoterus vacca* Hartig. = *Trama troglodytes* Heyden.

600. *Symphiti*   **Aphis** Schrank, Kaltenb., Koch, Passer., Macch.

601. *Symphoricarpi* **Aphis** Thomas.

602. *Tæniatus*   **Lachnus** Koch.

603. *Tanacetaria*   **Siphonophora** Kalt. (*sub Aphis*), Koch.

604. *Tanaceti*   **Myzus** Lin., Fab., Kalt. (*s. Aphis*), Pass. = *Siphonophora tanaceti* Koch, Thomas.

605. *Tanaceticola*   **Siphonophora** Kaltenb. (*sub Aphis*), Pass., Buckt. = *Aphis absinthii* Walker.

606. *Taraxaci*   **Aphis** Kalt.

607. *Tessellata*   **Schizoneura** Fitch, Thomas.

608. *Tetrarhoda*   **Myzus** Walker (*s. Aphis*), Pass., Macch., Ferr. = *Siphonophora rosarum* Koch.

609. *Thalictri*   **Aphis** Koch.

610. *Thlaspeos*   **Aphis** Schrank. = *Aphis papaveris* Kalt.
611. *Tiliæ*   **Pterocallis** Lin., Kalt., Fab., Boyer (*sub Aphis*), Pass., Buck., Macch. = *Callipterus tiliæ* Koch.
612. *Tiliæ*   **Drepanosiphum** Koch.
613. *Tiliæ*   **Siphonophora** Monell, Thomas. = *Drepanosiphum tiliæ* Koch.
614. *Tormentillæ*   **Aphis** Passerini.
615. *Tortuosus*   **Pemphigus** Rudow.= *Pemphigus spirothecæ* d'après Kessler.
616. *Tragopogonis*   **Aphis** Kalt., Pass.
617. *Tremulæ*   **Schizoneura** De Geer (*s. Aphis*), Kalt. Rudow. = *Sch. Reaumuri?*
618. *Tremulæ*   **Chaitophorus** Lin., Fab. (*s.Aphis*), Koch
619. *Tricolor*   **Chaitophorus** Koch.
620. *Trirhoda*   **Hyalopterus** Walker (*sub Aphis*), Pass., Buck., Macch. = *H. aquilegiæ* Koch.
621. *Trivialis*   **Tychea** Pass., Buck.
622. *Troglodytes*   **Trama** Heyden, Pass., Buck. = *Rhizobius subterraneus* Kalt.= *Trama radicis* Kalt., Koch. = *Trama pubescens* Koch.
623. *Truncata*   **Aphis** Haussmann, Kalt.
624. *Tuberculata*   **Callipterus** Heyden.= *A. betulariæ* Kalt. = *Callipterus betularius* aut.
625. *Tuberosæ*   **Aphis** Boyer. = *A. polyanthis* Pass.
626. *Tulipæ*   **Aphis** Boyer. = *Rhopalosiphum tulipæ* Thomas?
627 *Tulipæ*   **Siphonophora** Monell.
628. *Tussilaginis*   **Siphonophora** Walk. (*sub Aphis*), Koch, Pass., Buck., Macch. = *Aphis lactucæ* Fab.
629. *Ulmariæ*   **Siphonophora** Schrank, Walker (*sub Aphis*), Pass., Macch. = *Aphis pisi* Kalt. = *A. onobrychis* Boyer.= *Siphonophora pisi* Koch. = *Siph. gei* Koch.
630. *Ulmi*   **Tetraneura** De Geer (*sub Aphis*), Hartig, Koch, Pass., Buckton, Macch.

631. *Ulmi*   **Schizoneura** Lin., Fab., Schrank (*sub Aphis*) = *A. foliorum ulmi* De Geer, Kalt., Koch, Pass., Buckt., Thomas.

632. *Ulmi*   **Schizoneura** Boyer (*s. Aphis*). = *Sch. lanuginosa* Hartig, Pass., etc.

633. *Ulmicola*   **Callipterus** Thomas.

634. *Ulmicola*   **Colopha** Fitch (*s. Aphis*), Monell, Riley = *Glyphina ulmicola* Thomas.

635. *Ulmifolii*   **Callipterus** Monell.

636. *Ulmifusus*   **Pemphigus** Walsh, Thomas.=*Tetraneura ulmi* aut. ?

637. *Umbellatorum*   **Aphis** Koch. *Siphocoryne capreæ* Pass.

638. *Urticæ*   **Siphonophora** Schrank, Walker, Kalt.. (*s. Aphis*), Koch, Pass., Buck.

639. *Urticæ*   **Aphis** Fab., Pass., Boyer, Macch. = *A. urticariæ* Kalt.

640. *Urticaria*   **Aphis** Kalt. = *A. urticæ* aut.

641, *Utricularius*   **Pemphigus** Pass., Macch.

642. *Vacca*   **Rhizoterus** Hartig. = *Forda formicaria* Kalt., Koch, Pass.

643. *Vagabundus*   **Pemphigus** Walsh, Riley, Thomas.

644. *Vagans*   **Schizoneura** Koch. = *Sch. corni* aut.

645. *Vastator*   **Rhopalosiphum** Smee (*s. Aphis*). = *Rh. persicæ* aut.

646. *Vastatrix*   **Phylloxera** Planchon, Buckton. = *Pemphigus vitifoliæ* Fitch. = *Dactylosphæra vitifolii* Shimer. = *Peritymbia vitisana* Westwood.

647. *Venusta*   **Schizoneura** Pass., Ferr., Macch.

648. *Verbasci*   **Aphis** Schrank, Kaltenb., Boyer, Pass.. Macch.

649. *Verbenæ*   **Aphis** Macchiati.

650. *Verbenæ*   **Siphonophora** Thomas.

651. *Vernoniæ*   **Aphis** Thomas, Monell.

652. *Versicolor*   **Chaitophorus** Koch, Pass.

653. *Verticolor*   **Aphis** Raffinesque.

654. *Vesicalis*   **Pachypapa** Koch, Rudow.

655. *Vesicarius*   **Pemphigus** Pass.

656. *Viburni*   **Aphis** Scop., Fab., Kalt., Koch, Pass., Buck., Thomas.

657. *Viciæ*   **Megoura** Buckton.

658. *Viciæ*   **Siphonophora** Kalt. (*s. Aphis*), Koch, Pass.

659. *Viciæ*   **Aphis** Fab., Kalt.= *A. craccæ* Lin.

660. *Viminalis*   **Lachnus** Boyer (*s. Aphis*), Pass., Buck. = *Aphis saligna* Walker.

661. *Viminalis*   **Chaitophorus** Monell, Thomas.

662. *Vincæ*   **Siphonophora** Walker (*s. Aphis*) = *Siph. convolvuli* aut.

663. *Viridana*   **Forda** Buckton.

664. *Vitalbæ*   **Aphis** Ferrar.

665. *Vitellinæ*   **Chaitophorus** Schrank, Kalt. (*s. Aphis*), Pass.

666. *Viticis*   **Aphis** Ferrari.

667. *Viticola*   **Siphonophora** Thomas.

668. *Vitifoliæ*   **Phylloxera** Fitch (*s. Pemphigus*). = *Phylloxera vastatrix* aut.

669. *Vitis*   **Aphis** Scop., Fab., Kalt.

670. *Vulgaris*   **Rhopalosiphum** Kyber (*sub Aphis*) = *Rh. persicæ* aut.

671. *Walshii*   **Callipterus** Monell.

672. *Xanthelis*   **Aphis** Raffinesque.

673. *Xanthomelas*   **Chaitophorus** Koch.

674. *Xylostei*   **Siphocoryne** Schrank, Kalt. (*s. Aphis*), Pass., Buck., Macch. = *Rhopalosiphum xylostei* Koch.

675. *Xylostei*   **Pemphigus** De Geer (*s. Aphis*), Kalt. = *Stagona xylostei* Koch.

676. *Yuccæ*   **Aphis** Licht. (inéd.).

677. *Zeæmaydis*   **Pemphigus** Löw, Macch. = *Coccus zeæ maydis* L. Duf. ? = *Tetraneura ulmi* aut. ?

678 *Zeæ*   **Aphis** Bonafous ? *an Siphonophora* ?

CHAPITRE III

Classification

A la suite du catalogue spécifique alphabétique que je donne
dans le chapitre précédent, je dois aussi indiquer comment
ces espèces ont été réparties dans les divers genres généralement admis aujourd'hui.

Linné range tous les aphidiens qu'il connaît dans le seul
genre *Aphis*, et, s'il en met deux ou trois dans le genre *Chermes*, c'est à tort, car le caractère de *pedes saltatorii* qu'il donne
à ce genre en éloigne très-certainement les aphidiens. (Voir
les observations au genre *Adelges*.) Après Linné, il faut arriver
jusqu'à Hartig, en 1841, pour trouver le premier essai de
classification, et le savant forestier de Brunswick, établit six
genres de plus, en laissant pourtant en un seul groupe le grand
genre linnéen *Aphis*.

Mais c'est Kaltenbach et Koch, dont les ouvrages paraissent presque en même temps, puisque le second porte les an-
notations du premier auteur, qui font surtout avancer la connaissance systématique des aphidiens. Cependant Kaltenbach ne
crée point de nouveaux genres et adopte ceux de ses devanciers Linné, Hartig et von Heyden ; mais Koch établit, du
coup, vingt genres nouveaux.

L'élan est donné ; Passerini, en résumant les travaux des
savants allemands, est amené à créer sept genres de plus.

M. Buckton, dont l'ouvrage a été terminé l'année passée,
en a établi tout autant ; ce qui, avec quelques genres créés
par Illiger, Burmeister, Boyer, Monell, Westwood, Ferrari et
moi-même, nous donne actuellement cinquante-huit genres
d'aphidiens qui, groupés à peu près dans l'ordre adopté par
M. Passerini, nous fourniront le tableau suivant des genres
avec les espèces qui s'y rattachent et la plante ou une des

plantes qui les nourrissent, "généralement celle qui nourrit la pseudogyne fondatrice.

J'ai laissé exister plusieurs noms, soit en genres, soit en espèces, qui ne sont évidemment que des synonymes, et feront l'objet d'une révision ultérieure. J'ai aussi suivi, pour ce premier tableau, l'ordre adopté par Passerini, en y insérant les genres nouveaux des auteurs qui sont venus après lui ; mais on verra plus loin que j'ai, dans ma monographie, renversé l'ordre suivi par le savant Italien, en commençant par les formes les plus dégradées, dont les états ailés sont encore à découvrir; puis en mettant après eux les genres à courtes antennes, de 3, 5, 6 articles, et en terminant par les grandes espèces à longues antennes, à sixième article muni d'un long prolongement effilé, considéré comme un septième article par la plupart des auteurs.

Je n'aurai moi-même aucune objection à employer le mot *septième article,* au lieu de *prolongement effilé du sixième article,* ce qui est un peu long; mais il est entendu que ce septième article n'est jamais que le prolongement du sixième. Le point de départ de ce prolongement est, du reste, toujours indiqué par une fossette olfactive. C'est à partir de cette fossette que je mesurerai ce septième article, soudé au sixième sans articulation distincte.

GENRES DE PUCERONS

(APHIDIDÆ)

Ire TRIBU. APHIDIENS

Genre numéro

1. **Siphonophora** Koch.
2. **Drepanosiphum** Koch.
3. **Amphorophora** Buckt.
4. **Megoura** Buckton.
5. **Phorodon** Passerini.
6. **Rhopalosiphum** Koch.
7. **Melanoxanthus** Buckt.
8. **Myzus** Passerini.
9. **Hyalopterus** Koch.
10. **Toxoptera** Koch.
11. **Aphis** Linné.
12. **Siphocoryne** Passerini.
13. **Myzocallis** Passerini.
14. **Cladobius** Koch.
15. **Chaitophorus** Koch.
16. **Pterocomma** Buckton.
17. **Cryptosiphum** Buckt.
18. **Brachycolus** Buckton
19. **Pterocallis** Passerini.
20. **Trama** Heyden.
21. **Paracletus** Heyden.

IIe TRIBU. LACHNIENS

---

22. **Sipha** Passerini.
23. **Lachnus** Illiger.
24. **Stomaphis** Buckton.

Genre numéro

25. **Asiphum** Koch.
26. **Callipterus** Koch.
27. **Pterochlorus** Rondani.
28. **Phyllaphis** Koch.

IIIe TRIBU. SCHIZONEURIENS

---

29. **Schizoneura** Hartig.
30. **Schlechtendalia** Licht.
31. **Cerataphis** Licht.
32. **Pacyhpapa** Koch.
33. **Anœcia** Koch.
34. **Mindarus** Koch.
35. **Prociphilus** Koch.
36. **Colopha** Monell.

IVe TRIBU. PEMPHIGIENS

---

37. **Stagona** Koch.
38. **Pemphigus** Hartig.
39. **Thecabius** Koch.
40. **Holzneria** Licht.
41. **Hormaphis** Riley.
42. **Tetraneura** Hartig.
43. **Aploneura** Passerini.

Vᵉ TRIBU. RHIZOBIENS

Genre
numéro

—

44. **Forda** Heyden.
45. **Rhizobius** Burmeister.
46. **Rhizoterus** Hartig.

VIᵉ TRIBU. TYCHÉIENS

—

47. **Tychéa** Koch.
48. **Amycla** Koch.
49. **Endeis** Koch.

VIIᵉ TRIBU. CHERMÉSIENS

—

Genre
numéro

50. **Vacuna** Heyden.
51. **Thelaxes** Westwood.
52. **Psylloptera** Ferrari.
53. **Glyphina** Koch.
54. **Adelges** Vallot.
55. **Anisophleba** Koch.

VIIIᵉ TRIBU. PHYLLOXÉRIENS

—

56. **Phylloxera** Boyer.
57. **Peritymbia** Westwood.
58. **Acanthochermes** Kol.

GENRE PREMIER

SIPHONOPHORA Koch

1. Absinthii.— Linné, Artemisia.
2. Acerifoliæ.— Thomas, Acer.
3. Achilleæ. — Fabricius, Achillea.
4. Achyrantes.— Monell, Achyrantes.
5. Alliariæ.— Linné, Sonchus.
6. Ambrosiæ.— Thomas, Ambrosia.
7. Antirrhini. — Machiati, Antirrhinum.
8. Artemisiæ.— Boyer, Artemisia.
9. Artemisiæ.— Koch, Artemisia.
10. Asclepiadis.— Fitch, Asclepias.
11. Atra.— Ferrari, Artemisia.
12. Avellanæ.— Koch, Corylus.
13. Avenæ.— Walcker, Avena.

14. Bifrontis.— Passerini, Inula.
15. Calendulæ.— Monell, Calendula.
16. Calendulella.— Monell, Calendula.
17. Campanulæ.— Kalt., Campanula.
18. Carnosa.— Buckton, Urtica.
19. Cerealis.— Kalt., Avena.
20. Chelidonii.— Kalt., Chelidonium.
21. Cichorii.— Koch, Cichorium.
22. Circumflexa.— Buckton, Cineraria.
23. Cirsii.— Linné, Cirsium.
24. Convolvuli.— Kalt., Convolvulus.
25. Coreopsidis.— Thomas, Coreopsis.
26. Cratægi.— Monell, Cratægus.
27. Cucurbitæ.— Thomas, Cucurbita.
28. Cyparissiæ.— Koch, Euphorbia.
29. Diplanteræ.— Koch, Malva.
30. Dipsaci.— Schrk., Dipsacus.
31. Dirhoda.— Walker, Rosa.
32. Dubia.— Ferrari, Artemisia.
33. Erigeronensis.— Thomas, Erigeron.
34. Euphorbiæ.— Thomas, Euphorbia.
35. Euphorbicola.— Thomas, Euphorbia.
36. Filaginis.— Licht., Filago.
37. Fragrariæ.— Koch, Fragaria.
38. Gei.— Koch, Geum.
39. Gerardiæ.— Thomas, Gerardia.
40. Gnidii.— Licht., Daphne.
41. Glauca.— Buckton, Rosa.
42. Glaucii.— Licht., Glaucium.
43. Granaria.— Kirby, Avena.
44. Heucheræ.— Thomas, Heuchera.
45. Hieracii.— Kalt., Hieracium.
46. Hordei.— Kyber, Hordeum.
47. Immaculata.— Riley, Fragaria.
48. Inulæ.— Ferrari, Inula.

49. Jaceæ.— Linné, Centaurea.
50. Kochii.— Ferrari, Artemisia.
51. Lactucæ.— Linné, Lactuca.
52. Lactucæ.— Koch, Lactuca.
53. Lathyri.— Walker, Lathyrus.
54. Leucanthemi — Ferrari, Leucanthemum.
55. Lilacina.— Ferrari, Tanacetum.
56. Linariæ.— Koch, Linaria,
57. Liriodendri.— Monell, Liriodendron.
58. Longipennis.— Buckton, Poa.
59. Lutea.— Buckton, Orchidées.
60. Malvæ.— Mosley, Malva.
61. Menthæ.— Buckton, Mentha.
62. Millefolii.— Fab., Achillea.
63. Muralis.— Buckton, Lactuca.
64. Obscura.— Koch, Hieracium.
65. Olivata.— Buckton, Carduus.
66. Onobrychis.— Boyer, Onobrychis.
67. Ononis.— Koch, Ononis.
68. Pallida.— Walker, Malva.
69. Pelargonii.— Kalt., Pelargonium.
70. Picridis.— Fab., Picris.
71. Pisi.— Kalt., Lathyrus.
72. Platanoïdes.— Kalt., Acer.
73. Polygoni.— Buckton, Polygonum.
74. Ribicola.— Kalt., Ribes.
75. Rosæ.— Lin., Rosa.
76. Rosæcola.— Pass., Rosa.
77. Rubi.— Kalt., Rubus.
78. Rudbeckiæ.— Fitch, Rudbeckia.
79. Salicicola.— Monell, Salix.
80. Scabiosæ.— Buckton, Scabiosa.
81. Scrophulariæ.— Buckton, Scrophularia.
83. Serratulæ.— Linn., Cirsium.
83. Setariæ.— Monell, Setaria.

84. Sisymbrii.— Buckton, Sisymbrium.
85. Solani. — Kalt., Solanum.
86. Solidaginis.— Fab., Solidago.
87. Sonchella.— Monell, Sonchus.
88. Sonchi.— Linné, Sonchus.
89. Spartii.— Kock, Sarothamnus.
90. Subterranea. — Koch, Senecio.
91. Tanacetaria.— Kalt., Tanacetum.
92. Tanaceticola.— Kalt., Tanacetum.
93. Tiliæ.— Monell, Tilia.
94. Tulipæ.— Monell, Tulipa.
95. Tussilaginis.— Walker, Tussilago.
96. Ulmariæ.— Schrank, Pisum.
97. Urticæ. — Schranck, Urtica.
98. Verbenæ.— Thomas, Verbena.
97. Viciæ.— Kalt., Vicia.
100. Vincæ.— Walker, Vinca.
101. Viticola.— Thomas, Vitis.

GENRE 2e

DREPANOSIPHUM Koch

1. Acerina.— Walker, Acer.
2. Aceris.— Koch, Acer.
3. Quercifolii.— Valsh, Quercus.
4. Smaragdinum. — Koch, Populus.
5 Tiliæ.— Koch., Tilia.

GENRE 3e

AMPHOROPHORA Buckton

1. Ampullata.— Buckton, Cystopteris montana.

GENRE 4e

MEGOURA Buckton

1. Solani.— Thomas, Solanum.
2. Viciæ — Buckton, Vicia.

GENRE 5ᵉ

PHORODON Passerini

1. Cannabis.— Pass., Cannabis.
2. Carduinum.— Walker, Carduus.
3. Chamœdrys.— Passerini, Teucrium.
4. Galeopsidis.— Kalt., Galeopsis.
5. Humuli.— Schrk., Humulus.
6. Inulæ.— Pass., Inula.
7. Pruni.— Scopoli, Prunus.
8. Scrophulariæ.— Thomas, Scrophularia.

GENRE 6ᵉ

RHOPALOSIPHUM Koch

1. Alismæ.— Koch, Alisma.
2. Berberidis.— Kalt., Berberis.
3. Butomi.— Schrk., Butomus.
4. Calaminthæ.— Licht., Calamintha.
5. Calthæ.— Koch, Caltha.
6. Dubium.— Curtis, Persica.
7. Elegans.— Ferrari, Salvia.
8. Galeactitis.— Macchiati, Galactites.
9. Hippophaes.— Koch, Hippophaes.
10. Lactucæ.— Kalt., Lactuca.
11. Ligustri.— Kalt., Ligustrum.
12. Najadum.— Koch, Potamogeton.
13. Nymphææ.— Fab., Nymphæa.
14. Persicæ.— Sulzer, Persica.
15. Persicæcola — Boisduval, Persica.
16. Rapæ.— Curtis, Brassica.
17. Rhois.— Fitch, Rhus.
18. Salicis.— Monell, Salix.
19. Staphyleæ.— Koch, Staphylea.

20. Vastator.— Smee, Persica.
21. Vulgaris.— Kyber, Persica.

GENRE 7e

MELANOXANTHUS Buckton

1. Salicis.— Linné, Salix.

GENRE 8e

MYZUS Passerini

1. Asclepiadis.— Pass., Nerium.
2. Cerasi.— Fab., Cerasus.
3. Gracilis.— Buckton, Acer.
4. Lychnidis.— Linné, Lychnis.
5. Lythri.— Schrk., Lythrum.
6. Mahaleb.— Boyer, Prunus.
7. Mali.— Ferrari, Pyrus.
8. Matricariæ.— Macchiati, Matricaria.
9. Nerii.— Boyer, Nerium.
10. Oxyacanthæ.— Schrk., Cratægus.
11. Persicæ.— Pass., Persica.
12. Plantagineus.— Pass., Plantago.
13. Portulacæ.— Macchiati, Portulaca
14. Pyrarius.— Pass., Pyrus.
15. Pyrinus.— Ferrari, Pyrus.
16. Rhamni.— Boyer, Rhamnus.
17. Ribis.— Linné, Ribes.
18. Rosarum.— Kalt., Rosa.
19. Roseum.— Macchiati, Rosa.
20. Tanaceti.— Lin., Tanacetum.
21. Tetrarhoda.— Walker, Rosa.

GENRE 10e

HYALOPTERUS Koch

1. Abrotani.— Koch, s. Artemisia abrotanum.

2. Aquilegiæ.— Koch, s. Aquilegia.
3. Arundinis.— Fab., Arundo.
4. Dilineatus.— Buckton, Rosa.
5. Eriophori.— Walcker, Eriophorum.
6. Melanocephalus.— Buckton, Silene.
7. Pruni.— Fab., Prunus.
8. Sphondylii.— Koch, Heracleum.
9. Trirhoda.— Walker, Aquilegia.

GENRE 11e

TOXOPTERA Koch

1. Aurantiæ.— Koch, Citrus.
2. Camelliæ.— Kalt., Camellia.
3. Graminum.— Rondani, Avena.
4. Scirpi.— Passerini, Scirpus.

GENRE 11e

APHIS Linné

1. Abietina.— Walker, s. Abies.
2. Acaroïdes.— Rafinesque ?
3. Acetosæ.— Linné, s. Rumex.
4. Acetosæ.— Buckton, s. Rumex.
5. Allii.— Lichtenstein, s. Allium.
6. Ambrosia.— Rafinesque ?
7. Angelicæ.— Koch, s. Angelica sylvestris.
8. Annulipes.— Rafinesque ?
9. Antennata.— Kalt., s. Betula alba.
10. Anthrisci.— Kalt., s. Anthriscus.
11. Aparines.— Kalt., s. Galium aparine.
12. Aparines.— Schrk., s. Papaver, etc.
13. Apocyni.— Koch, s. Apocynum.
14. Arbuti.— Ferrari, s. Arbutus.
15. Armata.— Haussmann, s. Papaver, etc.

16. Atriplicis. — Fab., Atriplex, Papaver, etc.
17. Atriplicis. — Linné, s. Atriplex.
18. Aucupariæ. — Buckton, s. Sorbus.
19. Avenæ. — Fab., s. Avena.
20. Ballotæ. — Pass., s. Ballota.
21. Balsamitæ. — Muller, s. Papaver, etc.
22. Beccabungæ. — Koch, s. Veronica.
23. Bicolor. — Haldeman ?
24. Bicolor. — Koch, s. Galium verum.
25. Brassicæ. — Linné, s. Brassica.
26. Brunnea. — Ferrari, s. Ononis natrix.
27. Calendulicola. — Monell, s. Calendula.
28. Candicans. — Pass., s. Orobanche.
29. Capsellæ. — Kalt., s. Capsella.
30. Carduella. — Walker, s. Carduus.
31. Cardui. — Linné, s. Carduus.
32. Carotæ. — Koch, s. Daucus.
33. Castanea. — Koch, s. Carduus.
34. Centaurea. — Koch, s. Centaurea.
35. Cephalanti. — Thomas, s. Cephalantum.
36. Cerasi. — Schrk., s. Cerasus.
37. Cerasofoliæ. — Fitch, s. Cerasus.
38. Ceratoniæ. — Licht., Ceratonia.
39. Chærophylli. — Koch, s. Chærophyllum.
40. Chamomillæ. — Koch, s. Chamomilla.
41. Chenopodii. — Schrk., s. Chenopodium.
42. Chloris. — Koch, s. Hypericum, etc.
43. Chrysanthemi. — Koch, s. Chrysanthemum.
44. Cichorii. — Dutrochet, s. Cichorium.
45. Circærandis. — Fitch, s. Galium.
46. Cirsina. — Ferrari, s. Cirsium.
47. Cisti. — Licht., s. Cistus.
48. Clematitis. — Koch, s. Clematis.
49. Clinopodii. — Pass., s. Calamintha.
50. Cnici. — Schrk., s. Cirsium.
51. Consolidæ. — Pass., s. Symphytium.

52. Convolvulicola.— Ferrari, s. Convolvulus.
53. Cornifoliæ.— Fitch, s. Cornus.
54. Coronillæ.— Ferrari, s. Coronilla.
55. Craccæ.— Schrk., s. Vicia.
56. Craccivora.— Koch, s. Vicia.
57. Cratægaria.— Walker, s. Cratægus.
58. Cratægi.— Kalt., s. Cratægus.
59. Cratægi.— Koch, s. Cratægus.
60. Cratægifolia.— Fitch, s. Cratægus.
61. Cucubali.— Pass., s. Silene inflata.
62. Cucurbitæ.— Buckton, s. Cucurbita.
63. Dauci.— Fab., s. Daucus.
64. Dianthi.— Schrk., s. Persica, etc.
65. Diospyri.— Thomas, s. Diospyros.
66. Diplepha.— Rafinesque ?
67. Discrepans.— Koch, s. Pyrus.
68. Donacis.— Pass., s. Arundo.
69. Edentula.— Buckton, s. Epilobium.
70. Epilobii.— Kalt., s. Epilobium.
71. Erysimi.— Kalt., s. Erysimum.
72. Eupatorii.— Pass., s. Eupatorium.
73. Euphorbiæ.— Kalt., s. Euphorbia.
74. Evonymi.— Fab., s. Evonymus.
75. Fabæ.— Scop., s. Vicia faba.
76. Farfaræ.— Koch, s. Tussilago.
77. Filaginis.— Licht., s. Filago.
78. Frangulæ.— Kalt., s. Rhamnus.
79. Furcipes.— Rafinesque ?
80. Galii.— Kalt., s. Galium.
81. Gallarum.— Kalt., s. Artemisia.
82. Gallarum Abietis.— De Geer, s. Abies.
83. Genistæ.— Scop., s. Genista.
84. Genistæ.- Boyer, s. Genista.
85. Gibbosa.— Rafinesque ?
86. Grossularia.— Kalt., s. Ribes.
87. Hederæ.— Kalt., s. Hedera.

88. Helianthemi.— Ferrari, s. Helianthemum.
89. Helianthi.— Monell, s. Helianthus.
90. Helichrysi.— Kalt., s. Helichrysum.
91. Heraclei.— Koch, s. Heracleum.
92. Hibernaculorum.— Boyer, Serres.
93. Holci.— Ferrari, s. Holcus.
94. Hyperici.— Monell, s. Hypericum.
95. Ilicis.— Kalt., s. Ilex.
96. Impatientis.— Thomas, s. Impatiens.
97. Infuscata.— Koch, s. Prunus spinosa.
98. Insititiæ.— Koch, s. Prunus.
99. Instabilis.— Buckton, s. Pyrethrum.
100. Intybi.— Koch, s. Cich. Intybus.
101. Isatidis.— Boyer, s. Isatis.
102. Jacobææ.— Koch, s. Senecio.
103. Jacobææ.— Schrk., s. Sen-jacob.
104. Jani.— Ferrari ?
105. Laburni.— Kalt., s. Cytisus.
106. Lactucæ.— Boyer, s. Lactuca.
107. Lagerströmiæ.— Licht., s. Lagerströmia.
108. Lamii.— Koch, s. Lamium.
109. Lappæ.— Koch, s. Lappa.
110. Lentiginis.— Buckton, s. Pyrus.
111. Ligustici.— Fab., s. Ligusticum.
112. Linariæ.— Licht., s. Linaria.
113. Lilii.— Licht., s. Lilium.
114. Lutescens.— Monell, s. Nerium.
115. Magnoliæ.— Macchiati, s. Magnolia.
116. Mali.— Fab., s. Pyrus malus.
117. Malifoliæ.— Fitch, s. Pyrus.
118. Malvæ.— Koch, s. Malva.
119. Magnipennis.— Hald ?
120. Maïdis.— Fitch., s. Zea maïs.
121. Medicaginis.— Koch, s. Medicago.
122. Middletonii.— Thomas, s. Aster.
123. Mimosæ.— Ferrari, s. Mimosa.

124. Molluginis.— Koch, s. Galium.
125. Myopori. — Macchiati, s. Myoporum.
126. Myosotidis. — Koch, s. Myosotis.
127. Myricæ.— Kalt., s. Myrica.
128. Napelli.— Schrk., s. Acontium.
129. Nasturtii.— Kalt., s. Nasturtium.
130. Nepetæ.— Kalt., s. Calamintha.
131. Nerii.— Kalt., s. Nerium, etc.
132. Nigritarsis.— Heyden, s. Betula.
133. Ochropus.— Koch, s. Dipsacus.
134. Œnanthis.— Licht., s. Œnanthe.
135. Onopordi.— Schrk., s. Carduus.
136. Opima.— Buckton, s. Cineraria.
137. Opuli.— Sulzer, s. Virburnum.
138. Oreaster.— Rafinesque ?
139. Origani. — Pass., s. Origanum.
140. Orobanches.— Pass., s. Orobanches.
141. Oxalis.— Macchiati, s. Oxalis.
142. Padi.— Linné, s. Prunus.
143. Paliuri.— Licht., s. Paliurus.
144. Papaveris.— Fab., s. Papaver.
145. Parietariæ.— Licht., s. Parietaria.
146. Pedicularis.— Buckton, s. Pedicularis.
147. Penicillata.— Buckton, s. Epilobium.
148. Perforatus.— Signoret, s. Acer.
149. Persicæ.— Boyer, s. Persica.
150. Petasitidis.— Buckton, s. Tussilago.
151. Phelipææ.— Pass., Orobanches.
152. Pilota.— Hald?
153. Pimpinellæ.— Kalt., s. Pimpinella.
154. Plantaginis.— Schrk., s. Plantago.
155. Polyanthis. — Sulzer, s. Polyanthis.
156. Pomi.— De Geer, s. Pyrus.
157. Populi albæ.— Boyer, s. Populus.
158. Populifoliæ.— Fitch., s. Populus.
159. Pruni.— Koch, s. Prunus.

160. Prunicola.— Kalt., s. Prunus.
161. Populifoliæ.— Fitch., s. Prunus.
162. Prunina.— Walker, s. Prunus.
163. Punicæ.— Pass., s. Punica.
164. Pyri.— Boyer, s. Pyrus.
165. Pyri.— Koch, s. Pyrus.
166. Quadrituberculata.— Kalt., Betula.
167. Ranunculi.— Kalt., Ranunculus.
168. Raphani. − Schrank, Raphanus.
169. Rhamni.− Schrank, Rhamnus.
170. Rhei. − Koch, Rheum.
171. Rhodryas. − Rafinesque?
172. Rubecula.— Haldemann?
173. Rumicis.— Lin., Rumex.
174. Salicariæ.— Koch, s. Lythrum.
175. Saliceti.— Kalt., Salix.
176. Sambucaria.— Pass., Sambucus.
177. Sambuci.— Lin., Sambucus.
178. Sanguisorbæ.— Schrank, Sanguisorba.
179. Scabiosæ.— Schrank, Scabiosa.
180. Sedi.— Kalt., Sedum.
181. Serpylli.— Koch, Serpyllum.
182. Silenea. − Ferrari, Silene.
183. Silybi.— Pass., Silybum.
184. Solanina.— Pass., Solanum.
185. Sorbi.— Kalt., Sorbus.
186. Spectabilis. − Ferrari, Salix.
187. Subterranea.— Walker, Dianthus.
188. Symphiti.— Schrank, Symphitum.
189. Symphoricarpi.— Thomas, Symphoricarpus.
190. Taraxaci.— Kalt., Taraxacum.
191. Thalictri.— Koch, Thalictrum.
192. Thlaspeos.— Schrank, Papaver.
193. Tormentillæ.— Passerini, Tormentilla.
194. Tragopogonis.— Kalt., Tragopogon.
195. Truncata.— Haussmann, Salix.

196. Tuberosæ.— Boyer, Polyanthis.
197. Tulipæ.—Boyer, Tulipa.
198. Umbellatorum.— Koch, s. Daucus.
199. Urticæ.— Fab., Urtica.
200. Urticaria.— Kalt., Urtica.
201. Verbasci.— Schrank, Verbascum.
202. Verbenæ.— Macchiati, Verbena.
203. Vernoniæ.— Thomas, Vernonia.
204. Verticolor.— Rafinesque ?
205. Viburni.— Scop., Viburnum.
206. Viciæ.— Fab., Vicia.
207. Vitalbæ.— Ferrari, Clematis.
208. Viticis.— Ferrari, Vitex.
209. Vitis.—Scop., Vitis.
210. Xanthelis.— Rafinesque ?
211. Yuccæ.— Licht., s. Yucca.
212. Zeæ. — Bonafous, s. Zea.

GENRE 12e

SIPHOCORYNE Passerini

1. Ægopodii.— Scopoli, Salix.
2. Capreæ.— Fab., Salix.
3. Cicutæ.— Koch, Cicuta.
4. Fœniculi.— Pass., Fœniculum.
5. Loniceræ.— Siebold, Lonicera.
6. Pastinacæ.— Linné, Pastinaca.
7. Xylostei. — Schrank, Lonicera.

GENRE 13e

MYZOCALLIS Passerini

1. Avellanæ.— Schrk., Corylus.
2. Bella.— Walsh, Quercus.
3. Cyperis.— Macchiati, Cyperus.

4. Insignis.— Ferrari, Quercus.
5. Ononidis.— Kalt., Ononis.
6. Quercea.— Kalt., Quercus.
7. Quercûs.— Kalt., Quercus.

GENRE 14^e

CLADOBIUS Koch

1. Lantanæ.— Koch, Viburnum.
2. Populus. — Kalt., Populus.

GENRE 15^e

CHAITOPHORUS Koch

1. Aceris.— Linné, Acer.
2. Annulatus.— Koch, Betula.
3. Betulæ.— Buckton, Betula.
4. Candicans.— Thomas ?
5. Capreæ. — Schrk., Salix.
6. Coracinus.— Koch, Acer.
7. Leucomelas.— Koch, Populus.
8. Loniceræ.— Monell, Lonicera.
9. Lyratus.— Ferrari, Populus.
10. Negundinis.— Thomas, Acer.
11. Pinicolens.— Fitch, Pinus.
12. Populi.— Linné, Populus.
13. Quercicola. — Monell, Quercus.
14. Salicicola.— Monell, Salix.
15. Salicivora.— Passerini, Salix.
16. Salicti.— Schrank, Salix.
17. Smithiæ.— Monell, Smithia.
18. Tremulæ.— Lin., Populus.
19. Tricolor.— Koch, Betula.
20. Versicolor.— Koch, Populus.
21. Viminalis.— Monell, Salix.

22. Vitellinæ.— Schrank, Salix.
23. Xanthomelas.— Koch, Lycium.

GENRE 16e
PTEROCOMMA Buckton

1. Pilosa.— Buckton, Salix.

GENRE 17e
CRYPTOSIPHUM Buckton

1. Artemisiæ.— Buckton, Artemisia.

GENRE 18e
BRACHYCOLUS Buckton

1. Stellariæ.— Hardy, Stellaria.

GENRE 19e
PTEROCALLIS Passerini

1. Maculata.— Heyden, Alnus.
2. Pictus.— Ferrari?
3. Tiliæ.— Linné, Tilia.

GENRE 20e
TRAMA Heyden

1. Flavescens.— Koch, rad. Artemisiæ.
2. Pubescens.— Koch, rad. Achilleæ.
3. Radicis.— Kalt., rad. Crepidis.
4. Troglodytes.— Heyden, rad. Lactucæ.

GENRE 21e
PARACLETUS Heyden

1. Cimiciformis.— Kalt., rad. Festucæ.

GENRE 22e

SIPHA Passerini

1. Glyceriæ.— Kalt., Glyceria.
2. Maïdis.— Passerini, Zea.
3. Rubifolii.— Thomas, Rubus.

GENRE 23e

LACHNUS Illiger

1. Abietis.— Fitch, Abies.
2. Agilis.— Kalt., Pinus.
3. Alnifoliæ.— Fitch, Alnus.
4. Bignoniæ.— Macchiati, Bignonia.
5. Caryæ.— Harris, Carya.
6. Confinis.— Koch, Juniperus.
7. Costata.— Zetterstedt, Abies.
8. Cupressi.— Buckton, Cupressus.
9. Dentatus.— Lebaron, Salix.
10. Fasciatus.— Burmeister, Pinus.
11. Fasciatus.— Koch, Pinus.
12. Fuscus.— Geoffroy, Quercus.
13. Hyalinus.— Koch, Pinus.
14. Hyperophilus.— Koch, Pinus.
15. Juniperi.— De Geer, Juniperus.
16. Larifex.— Fitch, Larix.
17. Longirostris.— Boyer, Quercus.
18. Longirostris.— Fab., Quercus.
19. Longistigma.— Monell, Tilia.
20. Longitarsis.— Ferrari, Phaseolus.
21. Macrocephalus.— Buckton, Abies.
22. Maculatus.— Licht., Rosa.
23. Piceæ.— Panz, Abies.
24. Pineti.— Fab., Pinus.
25. Pini.— Linné, Pinus.

26. Pinicola.— Kalt., Pinus.
27. Piniphila.— Ratz., Pinus.
28. Platani.— Kalt, Platanus.
29. Quercifoliæ.— Fitch, Quercus.
30. Quercûs.— Lin., Quercus.
31. Salicelis.— Fitch, Salix.
32. Salicicola.— Uhler, Salix.
33. Saligna.— Walker, Salix.
34. Strobi.— Fitch, Pinus.
35. Tœniatus.— Koch, Pinus.
36. Viminalis.— Boyer, Salix.

GENRE 24ᵉ

STOMAPHIS Buckton

1. Quercûs.— Buckton, Quercus.

GENRE 25ᵉ

ASIPHUM Koch

1. Ligustrinellum.— Koch, Ligustrum.
2. Populi.—Fab.,Schiz.,Tremulæ; De Geer,Populus.

GENRE 26ᵉ

CALLIPTERUS Koch

1. Alni.— Fab., Alnus.
2. Asclepiadis.— Monell, Asclepias.
3. Betulæ.— Linné, Betula.
4. Betulæcolens.— Fitch, Betula.
5. Betularius.— Kalt., Betula.
6. Betulellus.— Walsh, Betula.
7. Betulicolæ.— Kalt., Betula.
8. Betulicolens.— Fitch, Betula.
9. Bicolor.— Koch?

10. Carpini. — Koch, Carpinus.
11. Caryæ. — Monell, Carya.
12. Castaneæ. — Fitch, Castanea.
13. Coryli. — Gœtze, Corylus.
14. Discolor. — Monell, Quercus.
15. Elegans. — Koch, Ulmus.
16. Hyalinus. — Monell, Quercus.
17. Juglandicola. — Kalt., Juglans.
18. Juglandis. — Frisch, Juglans.
19. Mucidus. — Thomas ?
20. Oblongus. — Heyden, Betula.
21. Punctatus. — Monell, Quercus.
22. Quercicola. — Monell, Quercus.
23. Quercifolii. — Thomas, Quercus.
24. Tuberculata. — Heyden, Betula.
25. Ulmicola. — Thomas, Ulmus.
26. Ulmifolii. — Monell, Ulmus.
27. Walshii. — Monell, Quercus.

GENRE 27e

PTEROCHLORUS Rondani

1. Croaticus. — Koch, Quercus.
2. Longipes. — Léon Dufour, Quercus.
3. Roboris. — Lin., Quercus.

GENRE 28e

PHYLLAPHIS Koch

1. Fagi. — Linné, Fagus.

GENRE 29e

SCHIZONEURA Hartig

1 Americana. — Riley, Ulmus.
2. Caryæ. — Fitch, Carya.

3. Compressa.— Koch, Ulmus effusa.
4. Corni.— Fab., Cornus.
5. Cornicola.— Walsh, Cornus.
6. Fodiens. — Buckton, Ribes.
7. Fuliginosa.— Buckton, Pinus.
8. Fungicola.— Walsh, Fungus.
9. Imbricator.— Fitch, Betula.
10. Kochii. — Lichtenstein, Cornus.
11. Lanigera.—Haussman, Pyrus.
12. Lanuginosa.— Hartig, Ulmus.
13. Mali.— Tougard, Pyrus.
14. Panicola.— Thomas, Panicum.
15. Passerinii.— Signoret, Populus.
16. Pinicola.— Thomas, Pinus.
17. Querci.— Fitch, Quercus.
18. Reaumuri.— Kalt., Tilia.
19. Rileyi.— Thomas, Ulmus.
20. Strobi.— Fitch, Pinus.
21. Tessellata.— Fitch, Alnus.
22. Tremulæ.— De Geer, Populus.
23. Ulmi.— Lin., Ulmus.
24. Ulmi.— Boyer, Ulmus.
25. Vagans.— Koch?
26. Venusta.— Pass., Racines de gram.

GENRE 30e

SCHLECHTENDALIA Licht.

1. Sinensis.— Doubleday, s. Rhus.

GENRE 31e

CERATAPHIS Lichtenstein

1. Lataniæ.— Boisduval, s. Latania.

GENRE 32e

PACHYPAPA Koch

1. Marsupialis.— Koch, Populus.
2. Vesicalis.— Koch, Populus.

GENRE 33e

ANŒCIA Koch = SCHIZONEURA Aut.

1. Corni.— Koch, Cornus sanguinea.

GENRE 34e

MINDARUS Koch

1. Abietinus.— Koch, Abies.

GENRE 35e

PROCIPHILUS Koch = PEMPHIGUS

1. Erraticus.— Koch ?
2. Fraxini.— Fab., Fraxinus.
3. Gnaphalii.— Koch, Filago.

GENRE 36e

COLOPHA Monell

1. Ulmicola.— Fitch, Ulmus.

GENRE 37e

STAGONA Koch = PEMPHIGUS

1. Xylostei.— De Geer, Lonicera.

GENRE 38e

PEMPHIGUS Hartig

1. Acerifolii.— Riley, Acer.
2. Affinis.— Kalt., Populus.
3. Asteris.— Licht., Aster.
4. Boyeri.— Passerini, racines de Gram.
5. Bumeliæ.— Schrank, Fraxinus.
6. Bursarius.— Linné, Populus.
7. Cœrulescens.— Pass., racines d'Eragrostis.
8. Coluteæ.— Pass, Colutea.
9. Cornicularius.— Pass., Pistacia.
10. De Geeri.— Kalt., Pinus.
11. Derbesi.— Licht., Pistacia.
12. Diani.— Ferrari ?
13. Filaginis.— Boyer, Filago.
14. Follicullarius.— Pass., Pistacia.
15. Formicarius.— Walsh, Fourmilières.
16. Formicetorum.— Walsh, Fourmilières
17. Fraxinifolii.— Thomas, Fraxinus.
18. Glandiformis.— Rudow, Populus.
19. Gnaphalii.— Kalt., Filago.
20. Infaustus.— Ferrari ?
21. Lactucarius.— Pass., Lactuca.
22. Loniceræ.— Hartig, Lonicera.
23. Marsupialis. — Courchet, Populus.
24. Nidificus. — Löw, Fraxinus.
25. Ovato-oblongus.— Kessler, Populus.
26. Pallidus. — Halyday, Ulmus.
27. Pallidus. — Derbes, Pistacia.
28. Pistaciæ. — Linné, Pistacia.
29. Popularius. — Fitch, Populus.
30. Populi.— Courchet, Populus.
31. Populicaulis. - Fitch, Populus.
32. Populiglobuli.— Fitch, Populus.

33. Populimonilis.— Riley, Populus.
34. Populiramulorum.— Riley, Populus.
35. Populitransversus.— Riley, Populus.
36. Populivenæ.— Fitch, Populus.
37. Populuneus.— Koch, Populus.
38. Protospiræ.— Licht., Populus.
39. Pseudobyrsa.— Walsh, Populus.
40. Pyri.— Fitch, Pyrus.
41. Pyriformis.— Licht., Populus.
42. Radicum.— Boyer, rac. de Gram.
43. Ranunculi.— Kalt., Ranunculus.
44. Retroflexus.— Courchet, Pistacia.
45. Rhois.— Fitch, Rhus.
46. Rubi.— Thomas, Rubus.
47. Semilunarius.— Passerini, Pistacia.
48. Spirothecæ.— Pass., Populus.
49. Tortuosus.— Rudow, Populus.
50. Ulmifusus.— Walsh, Ulmus.
51. Utricularius.— Pass., Pistacia.
52. Vagabundus.— Walsh, Populus.
53. Vesicarius.— Pass., Populus.
54. Xylostei.— De Geer, Lonicera.
55. Zeæ Maydis.— Löw, Zea.

GENRE 39ᶜ

THECABIUS Koch

1. Populneus.— Koch, Populus.

GENRE 40ᵉ

HOLZNERIA

1. Poschingeri.— Holzner, s. Pinus.

GENRE 41e

HORMAPHIS Riley

1. Spinosus. — Riley, Hormamelis virginica.

GENRE 42e

TETRANEURA Hartig

1. Alba. — Ratzeburg, Ulmus.
2. Rubra. — Licht., Ulmus.
3. Ulmi. — De Geer, Ulmus.

GENRE 43e

APLONEURA Pass.

1. Lentisci. — Pass., Pistacia lentiscus.

GENRE 44e

FORDA Heyden

1. Dauci. — Goureau ? racines de Daucus.
2. Formicaria. — Heyden, nids de fourmis.
3. Marginata. — Koch, nids de fourmis.
4. Viridana. — Buckton, racines de Aira, Carex.

GENRE 45e

RHIZOBIUS Burmeister

1. Lactucæ. — Fitch, Lactuca.
2. Menthæ. — Pass., Mentha.
3. Pilosellæ. — Burmeister, Hieracium.
4. Pini. — Burm., Pinus.
5. Poæ. — Buckton, Poa.
6. Poæ. — Thomas, Poa.

7. Sonchi.— Pass., Sonchus.
8. Subterraneus.— Kalt.,Fourmilières.
9. Jujubæ.— Buckton, Zizyphus.

GENRE 46e

RHIZOTERUS Hartig

1. Vacca.— Hartig, Fourmilières.

GENRE 47e

TYCHŒA Koch

1. Amycli.— Koch, (Emer?).
2. Eragrostidis.— Pass., Eragrostis rad.
3. Erigeronensis.— Thomas, Erigeron rad.
4. Graminis.— Koch, Graminum rad.
5. Panici.— Thomas, Panicum rad.
6. Phaseoli.— Pass., Phaseolus rad.
7. Setariæ.— Pass., Setaria rad.
8. Setulosa.— Pass., Setaria rad.
9. Trivialis.— Pass., Setaria rad.

GENRE 48e

AMYCLA Koch

1. Albicornis — Koch, racine de Polygonum.
2. Fuscicornis.— Koch, racine de Camomilla.
3. Fuscifrons.— Koch, racine d'Avena sativa.

GENRE 49e

ENDEIS Koch

1. Bella.— Koch, racine de Graminées.
2. Carnosa.— Buckton, nids de fourmis.
3. Formicina.— Buckton, racine de Carex, nids de
   fourmis.

4. Pellucida.— Buckton, racine de Poa et nids de fourmis.
5. Rorea.— Koch, racines de diverses plantes.

GENRE 50e

VACUNA Heyden

1. Dryophila.— Schrk., Quercus.

GENRE 51e

THELAXES Westwood

1. Dryophila.— Schrank, Quercus.

GENRE 52e

PSYLLOPTERA Ferrari

1. Quercina.— Ferrari, Quercus.

GENRE 53e

GLYPHINA Koch

1. Alni.— Schrck., s. Alnus
2. Betulæ.— Kalt., Betula.
3. Eragrostidis.— Middleton, Eragrostis.
4. Pilosa — Buckton, Pinus.

GENRE 54e

ADELGES Vallot = CHERMES Aut

1. Abieticolens.— Thomas, Abies.
2. Abietis.— Linné, Abies.
3. Atratus.— Buckton, Quercus.
4. Corticalis.— Kalt., Pinus.
5. Laricifoliæ.— Fitch, Larix.

6. Laricis.— Hartig, Larix.
7. Pini.— Koch, Pinus.
8. Pinifolii.— Thomas, Pinus.
9. Strobilobius.— Kalt., Abies.

GENRE 55e

ANISOPHLEBA Koch = CHERMES Aut. = ADELGES Vallot

1. Hamadryas.— Koch, s. Pinus.
2. Pini.— Koch, Pinus.

GENRE 56e

PHYLLOXERA Boyer

1. Carya alba.— Fitch, Carya.
2. Caryæcaulis.— Fitch, Carya.
3. Caryæfallax.— Walsh, Carya.
4. Caryæfoliæ.— Fitch, Carya.
5. Caryæglobosa.— Shimer, Carya.
6. Caryæglobuli.— Walsh, Carya.
7. Caryægummosa.— Riley, Carya.
8. Caryæren.— Riley, Carya.
9. Caryæsemen.— Walsh, Carya.
10. Caryasepta.— Shimer, Carya.
11. Caryævenæ.— Fitch, Carya.
12. Castanæ.— Haldeman, Castanea.
13. Coccinea.— Hayden, Quercus.
14. Conica.— Shimer, Carya.
15. Depressa.— Shimer, Carya.
16. Florentina.— Targioni, Quercus.
17. Forcata.— Shimer, Carya.
18. Punctata.— Licht., Quercus.
19. Quercûs.— Boyer, Quercus.
20. Rileyi.— Licht., Quercus.

21. Scutifera.— Signoret, Quercus.
22. Spinosa.— Shimer, Carya.
23. Spinulosa.— Targioni, Quercus.
24. Vastatrix.— Planchon, Vitis.
25. Vitifoliæ.— Fitch, Vitis.

GENRE 57e

PERITYMBIA WESTWOOD

1. Vitisana.— Westwood, s. Vitis.

GENRE 58e

ACANTHOCHERMES KOLLAR

1. Quercûs.— Kollar, s. Quercus.

CHAPITRE IV

Flore des Aphidiens

Comme complément au chapitre précédent, qui nous donne la liste des Pucerons cités jusqu'à ce jour, suivis du nom de la plante ou du moins du genre de plante qui les nourrit, je fais suivre ici la liste des genres de plantes avec les noms des Pucerons qui les attaquent.

J'avais envoyé un tirage à part de cette *Flore des Aphidiens* à quelques-uns de mes collègues, en les priant de m'indiquer les omissions ou rectifications qu'ils trouveraient à y faire: beaucoup d'entre eux, et en particulier MM. LÖW, de Vienne ; MACCHIATI, de Vitterbe; MONELL, de St-Louis (Missouri); PASSERINI, de Parme; HORVÁTH, de Budapest, etc., etc., ont bien voulu m'indiquer des corrections que j'ai indiquées dans le supplément à la *Flore des Aphidiens* à la fin du chapitre actuel.

Je remercie vivement mes chers collègues de leur aide bienveillante.

LISTE ALPHABÉTIQUE
DES GENRES DE VÉGÉTAUX ATTAQUÈS PAR LES PUCERONS

ABIES

Aphis abietina Walker.
— *Gallarum abietis* De Geer.
Chermes abieticolens Thomas.
— *abietis* Lin.
— *strobilobius* Kalt.
Lachnus abietis Fitch.
— *costata* Zetterstedt.
— *macrocephalus* Buckton.
— *piceæ* Pauzer.
Mindarus abietis Koch.

ACER

Aphis perforata Sign.
Chaitophorus aceris Lin.
— *coracinus* Koch.
— *negundinis* Thomas.

Drepan osiphum acerina Walker.
—   *aceris* Koch.
Myzus gracilis Buckton.
Pemphigus acerifolii Riley.
Siphonophora acerifoliæ Thomas.
—   *platanoïdes* Schrank.

ACHILLEA

Aphis helichrysi Kalt.
— *plantaginis* Schrank.
Rhizobius sonchi Pass.
Siphonophora achilleæ Fab.
—   *millefolii* Fab.
Siphonophora Artemisiæ Pass.
Siphonophora sonchi Pass.
Trama pubescens Koch (racines).

ACHYRANTES

Siphonophora achyrantes Monell.

ACONITUM

Aphis napelli Schrank.

ACORUS

Rhopalosiphum nympheæ Koch.

ÆGOPODIUM

Aphis papaveris Fab.
Siphocoryne capreæ Fab.

ÆTUSA

Aphis papaveris Fab.

ALISMA

Rhopalosiphum alismæ Koch.

ALLIUM

Aphis allii Licht. (inéd.).

ALNUS

Callipterus alni Fab.
Glyphina alni Schrank.
Lachnus alnifoliæ Fitch.
Pterocallis maculata Heyden.
Schizoneura tessellata Fitch.

ALTHÆA

Aphis malvæ Koch.
Siphonophora malvæ Pass.

AMARANTHUS

Tychea phaseoli Pass. (racines).

AMBROSIA

Siphonophora amrbosiæ Thomas.

AMYGDALUS

Aphis prunicola Kalt.
Aphis prunina Walker.
Hyalopterus pruni Fab.

ANAGALLIS

Aphis nerii Kalt.

ANAGYRIS

Aphis craccivora Koch.

ANCHUSA

Aphis symphiti Schrank.

ANGELICA

Aphis angelicæ Koch.

ANTHEMIS

Siphonophora millefolii Koch.
Aphis helichrysi Kalt.

ANTHERRINUM

Siphonophora antherrini Macchiati.

ANTHRISCUS

Aphis anthrisci Kalt.
— *papaveris* Fab.

ANTROSPERMUM

Aphis cardui Fab.

APARGIA

Siphonophora picridis Fab.

APIUM

Aphis lappæ Koch.

APOCYNUM

Aphis apocyni Koch.

AQUILEGIA

Hyalopterus aquilegiæ Koch.
— *trirhoda* Walker.

ARBUTUS

Aphis arbuti Ferrari.

ARCTIUM

Aphis rumicis Lin.

ARTEMISIA

Aphis Gallarum Kalt.

Cryptosiphum Artemisiæ Buckton.
Hyalopterus abrotani Koch.
Siphonophora absinthii Lin.
— *Artemisiæ* Boyer.
— *Artemisiæ* Koch.
— *atra* Ferrari.
— *dubia* Ferrari.
— *Kochii* Ferrari.
— *tanacetaria* Kalt.
Trama florescens Koch (racines).

ARUNDO

Aphis donacis Pass.
Hyalopterus arundinis Fab.

ASCLEPIAS

Callipterus asclepiadis Monell.
Myzus asclepiadis Pass.
Siphonophora asclepiadis Fitch.

ASTER

Aphis middletonii Thomas.
Pemphigus asteris Licht. (inéd.) (racines).

ATRIPLEX

Aphis atriplicis Fab.
— *atriplicis* Lin.

ATROPA

Siphonophora solani Pass.

AVENA

Amycla fuscifrons Koch (racines).
Aphis avenæ Fab.
Sipha maydis Pass.

Siphonophora avenæ Walker.
— *cerealis* Kalt.
— *granaria* Kirby.
Toxoptera graminum Roudani.

BALLOTA

Aphis ballotæ Pass.

BALSAMITA

Aphis helichrysi Kalt.

BELLIS

Siphonophora malvæ Pass.

BERBERIS

Rhapalosiphum berberidis Kalt.

BETA

Aphis papaveris Fab.

BETULA

Aphis antennata Kalt.
— *nigritarsis* Heyden.
— *quadrituberculata* Kalt.
Callipterus betulæ Lin.
— *betulæcolens* Fitch.
— *betularius* Kalt.
— *betulellus* Walck.
— *betulicola* Kalt.
— *betulicolens* Fitch.
— *oblongus* Heydn.
— *tuberculata* Heydn.
Chaitophorus annulatus Koch.
— *betulæ* Buckton.
— *tricolor* Koch.

Glyphina betulæ Kalt.
Schizoneura imbricator Fitch.

BIGNONIA

Lachnus bigoniæ Macchiati.

BRASSICA

Aphis brassicæ Lin.
Tychea phaseoli Pass. (racines).
Rhopalosiphum rapæ Curtis.
— *persicæ* Pass.

BROMUS

Aploneura lentisci Pass. (racines).
Aphis avenæ Fab.
Schizoneura venusta Pass. (racines).
Siphonophora cerealis Kalt.

BUTOMUS

Rhopalosiphum butomi Schrank.

CALAMAGROSTIS

Hyalopterus arundinis Koch.

CALAMINTHA

Aphis clinopodii Pass.
— *nepetæ* Kalt.
— *origani* Pass.
Rhopalosiphum calaminthæ Licht. (inéd.)

CALAMUS

Cerataphis lataniæ Licht.

CALENDULA

Aphis calendulicola Monell.

Siphonophora calendulæ Monell.
—   *calendulella* Monell.

CALLITRICHE

Rhopalosiphum nympheæ Koch.

CALYSTEGIA

Siphonophora vincæ Walker.

CALTHA

Rhopalosiphum calthæ Koch.

CAMELLIA

Toxoptera camelliæ Kalt.

CAMOMILLA

Amycla fuscicornis Koch (racines).
Aphis camomillæ Koch.

CAMPANULA

Siphonophora campanulæ Kalt.
—   *jaceæ* Koch.

CANNABIS

Phorodon cannabis Pass.

CAPSELLA

Aphis brassicæ Lin.
—   *capsellæ* Kalt.
—   *erysimi* Kalt.
—   *papaveris* Fab.
—   *symphiti* Schrank.
Siphonophora ulmariæ Pass.
—   *pisi* Kalt.

CARDUUS

Aphis carduella Walker.
— *cardui* Lin.
— *castanea* Koch.
— *onopordi* Schrank.
Phorodon carduunun Walker.
Siphonophora olivata Buckton.
— *jaceæ* Koch.

CAREX

Endeis formicina Buckton (racines).

CARPINUS

Callipterus carpini Koch.
Myzocallis coryli Pass.

CARYA

Callipterus caryæ Monell.
Lachnus caryæ Harris.
Phylloxera carya alba Fitch.
— *caryæcaulis* Fitch.
— *caryæfallax* Walsh.
— *caryæfoliæ* Fitch.
— *caryæglobosa* Shimer.
— *caryæglobuli* Walsh.
— *caryægummosa* Riley.
— *caryæren* Riley.
— *caryæsemen* Walsh.
— *caryæsepta* Shimer.
— *caryævenæ* Fitch.
— *conica* Shimer.
— *depressa* Shimer.
— *forcata* Shimer.
— *spinosa* Shimer.
Schizoneura caryæ Fitch.

CASTANEA

Callipterus castaneæ Fitch.
Phylloxera castaneæ Haldeman.
Pterochlorus longipes Pass.

CENTAUREA

Aphis centaureæ Koch.
— *terricola* Rondani.
Siphonophora jaceæ Lin.

CEPHALANTUS

Aphis cephalanthi Thomas.

CERASUS

Aphis cerasi Schranck.
— *cerasofoliæ* Fitch.
Myzus cerasi Fab.

CERATONIA

Aphis ceratoniæ Licht. (inéd.).

CHÆROPHYLLUM

Aphis chærophylli Koch.
Siphonophora ulmariæ Schrank.
— *pisi* Kalt.
Siphocoryne capreæ Fab.

CHELIDONIUM

Siphonophora chelidonii Kalt.
— *urticæ* Koch.

CHENOPODIUM

Aphis chenopodii Schrank.
— *atriplicis* Lin.
— *papaveris* Fab.

CHRYSANTHEMUM

Aphis chrysanthemi Koch.
— *papaveris* Fab
Siphonophora millefolii Koch.
— sonchi Lin.

CICHORIUM

Aphis cichorii Dutrochet.
— *intybi* Koch.
Rhizobius sonchi Pass.
Rhopalosiphum lactucæ Kalt.
Siphonophora cichorii Koch.
— *picridis* Fab.
— sonchi Lin.

CICUTA

Siphocoryne cicutæ Koch.
Rhopalosiphum nympheæ Koch.

CINERARIA

Aphis cardui Fab.
Aphis opima Buckton.
Siphonophora circumflexa Buckton.

CIRSIUM

Aphis cardui Fab.
— *cirsina* Ferrari.
— *cnici* Schrank.
— *papaveris* Fab.
— *terricola* Rondani.
Phorodon carduinum Pass
Siphonophora cirsii Lin.
— serratulæ Lin.
Trama troglodytes Heyden (racines).

CISTUS

Aphis cisti Licht. (inéd.).

CITRULLUS

Aphis symphyti Schrank.

CITRUS

Toxoptera aurantiæ Koch.

CLEMATIS

Aphis clematitis Koch.
 — *vitalbæ* Ferrari.

COIX

Pemphigus Boyeri Pass. (racines).
Tychea setariæ Pass.   (id.).

COLUTEA

Pemphigus coluteæ Pass.
Siphonophora ulmariæ Schrank.

CONIUM

Siphocoryne capreæ Fab.
 — *fœniculi* Pass.
 — *xylostei* Schrank.

CONVOLVULUS

Aphis convolvulicola Ferrari.
Siphonophora convolvuli Kalt.

COREOPSIS

Siphonophora coreopsidis Thomas.

CORNUS

Anoecia corni Koch.

Aphis cornifoliæ Fitch.
Schizoneura corni Fab.
—   *cornicola* Walsh.
—   *Kochii* Licht.
Vacuna dryophila? Schrank.

CORONILLA

Aphis coronillæ Ferrari.

CORYLUS

Callipterus coryli Götze.
Myzocallis avellanæ Schrank.
Siphonophora avellanæ Koch.

CRATÆGUS

Aphis cratægaria Walker.
—   *cratægi* Kalt.
—   *cratægi* Koch.
—   *cratægifoliæ* Fitch.
—   *edentula* Buckton.
—   *mali* Fab.
Myzus oxyacanthæ Schrank.
Siphonophora cratægi Monell.

CREPIS

Trama radicis Kalt. (racines).
Siphonophora picridis Fab.
—   *ribicola* Kalt.

CYSTOPTERIS MONTANA

Amphorophora ampullata Buckton.

CUCURBITA

Aphis cucurbiti Buckton.
—   *symphyti* Schrank

Siphonophora cucurbitæ Thomas.

CUPRESSUS

Lachnus cupressi Buckton.

CYDONIA

Aphis mali Fab.

CYMONANDRA

Aphis nerii Kal⁺

CYNARA

Aphis cardui Fab.
    — *intybi* Koch.
Trama troglodytes Heyden (racines).

CYNODON

Pemphigus Boyeri Pass. (racines).
Tetraneura ulmi D. Geer.   id.
Tychea trivialis Pass.   id.

CYNOGLOSSUM

Aphis cynoglossi Licht. (inéd.).

CYPERUS

Myzocallis cyperis Macchiati.

CYTISUS

Aphis laburni Kalt.

DACTYLIS

Siphonophora cerealis Kalt.

DAPHNE

Siphonophora gnidii Licht. (inéd.).

DATURA

Aphis papaveris Fab.

DAUCUS

Aphis carotæ Koch.
    — *dauci* Fab.
    — *lappæ* Koch.
    — *papaveris* Fab
    — *plantaginis* Schrank.
    –- *umbellatorum* Koch.
Forda dauci Goureau (racines).
Siphocoryne fœniculi Pass.

DIANTHUS

Aphis subterranea Walker.
Rhopalosiphum persicæ Sulzer.
    —   *dianthi* Schrank.

DIGITALIS

Aphis papaveris Fab.

DIPLOTAXIS

Aphis brassicæ Lin.

DIOSPYROS

Aphis diospyri Thomas.

DIPSACUS

Aphis ochropus Koch.
Siphonophora dipsaci Schrank.
    —   *rosæ* Lin.

ECHIUM

Aphis symphyti Schrank.

EPILOBIUM

Aphis epilobii Kalt.
— *penicillata* Buckton.
— *plantaginis* Schrank.
Siphonophora ulmariæ Pass.

ERAGROSTIS

Glyphina eragrostidis Middleton.
Tychea eragrostidis Pass. (racines).
Pemphigus Boyeri Pass.   id.
— *cærulescens* Pass. id.
Schizoneura venusta Pass.   id.

ERIGERON

Siphonophora erigeronensis Thomas.
— *solidaginis* Koch.
Tychea erigeronensis Thomas.

ERIOPHORUM

Hyalopterus eriophori Walker.

ERVUM

Siphonophora ulmariæ Pass.

ERYNGIUM

Aphis papaveris Fab.

ERYSIMUM

Aphis erysimi Kalt.

EUPATORIUM

Aphis eupatorii Pass.
— *myosotidis* Koch.

EUPHORBIA

Aphis euphorbiæ Kalt.
Siphonophora cyparissiæ Koch.
—   *euphorbiæ* Thomas.
—   *euphorbicola* Thomas,
Tychæa phaseoli Pass. (racines).

EVONYMUS

Aphis evonymi Fab.

FAGUS

Phyllaphis fagi Lin.

FESTUCA

Paracletus cimiciformis Kalt. (racines).
Forda formicaria Heyden   id.
Tychæa trivialis Pass.   id.

FILAGO

Aphis filaginis Licht (inéd.)
Pemphigus filaginis Boyer.
—   *gnaphalii* Kalt.
Prociphilus gnaphalii Kalt.
Siphonophora filaginis Licht. (inéd.).

FŒNICULUM

Siphocoryne fœniculi Pass.

FOURMILIÈRES

Endeis carnosa Buckton.
Forda formicaria Heyden.
—   *marginata* Koch.
Pemphigus formicarius Walsh.
—   *formicetorum* Walsh.
Rhizobius subterraneus Kalt.

Rhizoterus vacca Hartig.

FRAGARIA

Aphis chloris Koch.
Rhizobius sonchi Pass. (racines).
Siphonophora fragariæ Koch
    —   *immaculata* Riley.

FRAXINUS

Myzocallis coryli Goetze.
Pemphigus bumeliæ Schrank.
    —   *fraxinifolii* Thomas.
Prociphilus fraxini Fab.

FUCHSIA

Rhopalosiphum persicæ Sulzer.

FUNKIA

Aphis polyanthis Sulz.

FUNGUS

Schizoneura fungicola Walsh.

GALACTITES

Rhopalosiphum galeactitis Macchiati.

GALEOPSIS

Aphis symphyti Schrank.
Phorodon galeopsidis Kalt.
Rhizobius sonchi Pass.

GALIUM

Aphis aparines Kalt.
    — *bicolor* Koch.

Aphis circæzandis Fitch.
  — *galii* Kalt.
  — *molluginis* Koch.
  — *papaveris* Lin.
  — (inédit). (Passerini agg. à la Flora, p. 2.)

GENISTA

Aphis genistæ cop.
  — *genistæ* Boyer.
Siphonophora ulmariæ Schrank.

GERANIUM

Siphonophora malvæ Pass.
  — *urticæ* Koch.

GERARDIA

Siphonophora gerardiæ Thomas.

GEUM

Siphonophora gei Koch.
  — *ulmariæ* Schrank.

GLADIOLUS

Rhopalosiphum persicæ Pass.

GLAUCIUM

Siphonophora glaucii Licht. (inéd.)

GLYCERIA

Sipha glyceriæ Kalt.

GOSSYPIUM

Aphis malvæ Koch.
  — *medicaginis* Koch.
  — *plantaginis* Schrank.

GRAMINÉES

Endeis bella Koch.   (racines).
— *rosea* Koch.   id.
Forda viridana Buckton.   id.
Pemphigus Boyeri Pass.   id.
— *cærulescens* Pass.   id.
— *radicum* Boyer.   id.
Schizoneura venusta Pass.   id.
Tychea graminis Koch.   id.
Toxoptera graminum Rondani.   (feuilles).

GRATIOLA

Aphis chloris Koch

HABITAT INCONNU OU NON INDIQUÉ

Aphis acaroïdes Rafinesque.
— *ambrosiæ*   id.
— *annulipes*   id.
— *bicolor* Haldeman.
— *diplepha* Rafinesque.
— *furcipes*   id.
— *gibbosa*   id.
— *jani* Ferrari.
— *magnipennis* Haliday.
— *oreaster* Rafinesque.
— *pilosa* Haldeman.
— *rhodryas* Rafinesque.
— *rubecula* Haldeman.
— *verticolor* Rafinesque.
— *xanthelis*   id.
Callipterus bicolor Koch.
— *mucidus* Thomas.
Chaitophorus candicans Thomas.
Pemphigus Diani Ferrari.
— *infaustus* Ferrari.

Prociphilus erraticus Koch.
Pterocallis pictus Ferrari.
Schizoneura vagans Koch.
Tychea amycli (racine d'*Emer?*) Koch.

HAMAMELIS

Hormaphis spinosus Riley.

HEDERA

Aphis hederæ Kalt.

HEDYSARUM

Siphonophora ulmariæ Schrank

HELIANTHEMUM

Aphis helianthemi Ferrari.

HELIANTHUS

Aphis helianthi Monell.

HELICHRYSUM

Aphis helichrysi Kalt.
Siphonophora absinthii Koch.
Aphis papaveris Fab.

HERACLEUM

Aphis heraclei Koch.
Hyalopterus sphondylii Koch.
Phorodon galeopsidis Kalt.

HEUCHERIA

Siphonophora heucheriæ Thomas

HIERACIUM

Rhizobius pilosellæ Burmeister.

Siphonophora hieracii Kalt.
   —   *obscura* Koch.
   —   *picridis* Fab.

HIPPOPHAE

Rhopalosiphum hippophaes Koch

HOLCUS

Aphis holci Ferrari.
Siphonophora cerealis Kalt.
Sipha maïdis Pass.

HORDEUM

Aphis avenœ Fab.
Sipha maïdis Pass.
Siphonophora cerealis Kalt.
   —   *hordei* Kyber.
Toxoptera graminum Rondani.

HUMULUS

Phorodon humuli Schrank.

HYACINTHUS

Rhopalosiphum persicœ Sulzer.

HYDRANGEA

Aphis nerii Kalt.

HYDROCHARIS

Rhopalosiphum nymphœœ Koch.

HYPERICUM

Aphis chloris Koch.
   —   *hyperici* Monell.
   —   *papaveris* Fab.

ILEX

Aphis ilicis Kalt.

IMPATIENS

Aphis impatientis Thomas.

INULA

Siphonophora bifrontis Pass.
—   *inulæ* Ferrari.
Phorodon inulæ Pass.

ISATIS

Aphis brassicæ Lin.
—   *isatidis* Boyer.

JUGLANS

Callipterus juglandicola Koch.
—   *juglandis* Frisch.

JUNIPERUS

Lachnus confinis Koch.
—   *juniperi* De Geer.

JUNCUS

Sipha glyceriæ Kalt.

LACTUCA

Aphis lactucæ Boyer.
Pemphigus lactucarius Pass.
Rhizobius lactucæ Fitch. (racines).
Rhopalosiphum lactucæ Kalt.
Siphonophora lactucæ Lin.
—   *lactucæ* Koch.
—   *muralis* Buckton.

Trama troglodytes Heyden (racines).
Tychea setaræi Pass.

LAGERSTROMIA

Aphis Lagerströmiæ Licht. (inéd).

LAMIUM

Aphis lamii Koch.
Phorodon galeopsidis Kalt.

LAPPA

Aphis lappæ Koch.
  —   *rumicis* Lin

LAPSANA

Siphonophora sonchi Lin.
Siphocoryne loniceræ Siebold.

LARIX

Chermes laricifoliæ Fitch.
  —   *laricis* Hartig.
Lachnus larifex Fitch.

LATANIA

Cerataphis lataniæ Licht.

LATHYRUS

Siphonophora lathyri Walker.
  —   *pisi* Kalt.
  —   *ulmariæ* Schrank.
  —   *viciæ* Kalt.

LAVATERA

Aphis malvæ Koch.

LEMNA

Rhopalosiphum nymphææ Koch.

LEUCANTHEMUM

Siphonophora leucanthemi Ferrari.

LIGUSTICUM

Aphis ligustici Fab.

LIGUSTRUM

Asiphum ligustrinellum Koch.
Rhopalosiphum ligustri Kalt.

LILIUM

Aphis Lilii Licht. (inéd.).

LIMNAMTHEMUM

Rhopalosiphum nymphææ Koch.

LINARIA

Aphis linariæ Licht. (inéd).
Siphonophora linariæ Koch.

LINOSYRIS

Siphonophora campanulæ Koch.

LIRIODENDRON

Siphonophora liriodendri Monell.

LOLIUM

Pemphigus Boyeri Pass.
Sipha maidis Pass.

LONICERA

Pemphigus loniceræ Hartig.

Pemphigus xylostei De Geer.
Siphocoryne lonicerœ, v. Siebold.
—   *xylostei* Schrank.

LOTUS

Siphonophora ulmariœ Schrank.

LUBINIA

Aphis nerii Kalt.

LYCHNIS

Myzus lychnidis Lin.
Aphis plantaginis Schrank.

LYCIUM

Chaitophorus xanthomelas Koch.

LYTHRUM

Aphis salicariœ Koch.
Myzus lythri Schrank.

MAGNOLIA

Aphis magnoliœ Macchiati.

MALVA

Aphis malvœ Koch.
  —   *malvæ* Mosley.
  —   *pallida* Walker.
  —   *urticæ* Koch.

MARRUBIUM

Aphis ballotœ Pass.

MARSILEA

Rhopalosiphum nymphææ Koch.

MATRICARIA

Aphis papaveris Fab.
Myzus matricariæ Macchiati.

MEDICAGO

Aphis medicaginis Koch.
Myzocallis ononidis **Pass.**
Siphonophora ulmariæ Schrank.

MELILOTUS

Pemphigus lactucarius (racines).

MENTHA

Aphis capsellæ Kalt.
Rhizobius menthæ Pass.
Siphonophora menthæ Buckton.

MENYANTHES

Rhopalosiphum nymphææ Koch.

MESEMBRIANTHEMUM

Rhopalosiphum persicæ Sulzer.

MIMOSA

Aphis mimosæ Ferrari.

MYOPORUM

Aphis myopori Macchiati.

MYOSOTIS

Aphis myosotidis Koch.

MYRICA

Aphis myricæ Kalt.

NARCISSUS

Rhopalosiphum persicæ Sulzer.

NASTURTIUM

Aphis nasturtii Kalt.

NEPETA

Aphis nepetæ Kalt.

NERIUM

Aphis lutescens Monell.
— *nerii* Kalt.
— *papaveris* Fab.
Myzus asclepiadis Pass.
— *nerii* Boyer.

NICOTIANA

Aphis scabiosæ Schrank.

NONNEA

Siphonophora malvæ Pass.

NUPHAR

Rhopalosiphum nymphææ Koch.

NYMPHÆA

Rhopalosiphum nymphææ Fab.

ŒNANTHE

Aphis œnanthis Licht. (inéd.).

ONOBRYCHIS

Siphonophora onobrychis Boyer.
— *ulmariæ* Schrank.

ONONIS

Aphis brunnæ Ferrari.
Myzocallis ononidis Kalt.
Siphonophora ononis Koch.
—   *ulmariæ* Schrank.

ORCHIDÉES

Siphonophora lutea Buckton.

ORIGANUM

Aphis nepetæ Kalt.
— *origani* Pass.

OROBANCHE

Aphis orobanches Pass.
— *candicans* Pass. (racines).
— *phelipææ* Pass.   id.
Siphonophora orobanches Licht. (inéd.).

ORYZA

Pemphigus Boyeri Pass. (racines).
Sipha glyceriæ Kalt.
Tychea setulosa Pass. (racines).

OXALIS

Aphis oxalis Macchiati.

PALIURUS

Aphis paliuri Licht. (inéd.).

PANICUM

Schizoneura panicola Thomas.
Tychea panici Thomas.
Schizoneura venusta (racines).

PAPAVER

Aphis aparines Schrank.
— *armata* Hausmann.
— *balsamitæ* Müller.
— *papaveris* Fab.
— *thlaspeos* Schrank.

PARIETARIA

Aphis parietariæ Licht. (inéd.).

PASTINACA

Aphis carotæ Koch.
Siphocoryne pastinacæ Linné.
— *fœniculi* Pass.
— *capreæ* Fab.

PEDICULARIS

Aphis pedicularis Buckton.

PELARGONIUM

Siphonophora pelargonii Kalt.
— *malvæ* Mosley.

PERSICA

Aphis dianthi Schrank.
— *persicæ* Boyer.
Myzus persicæ Pass.
Rhopalosiphum dubium Curtis.
— *persicæ* Sulzer.
— *persicæcola* Boisduval.
— *vastator* Smee.
— *vulgaris* Kyber.

PEUCEDANUM

Aphis papaveris Fab.

PHALARIS

Sipha glyceriœ Kalt.

PHASEOLUS

Aphis papaveris Fab.
Lachnus longitarsis Ferrari.
Tychea phaseoli Pass. (racines).
Siphonophora ulmariœ Schrank.

PHRAGMITES

Hyalopterus arundinis Koch.

PICRIS

Aphis terricola Rondani.
Rhopalosiphum lactucae Kalt.
Siphonophora picridis Fab.

PIMPINELLA

Aphis pimpinellæ Kalt.

PINUS

Chaitophorus pinicolens Fitch.
Chermes corticalis Kalt.
    — *pini* Koch.
    — *pinifoliæ* Thomas.
Glyphina pilosa Buckton.
Holzneria Poschingeri Lichti. (racines).
Lachnus agilis Kalt.
    — *fasciatus* Burmeister.
    — *fasciatus* Koch.
    — *hyalinus* Koch.
    — *hyperophilus* Koch.
    — *pineti* Fab.
    — *pini* Lin.
    — *pinicola* Kalt.

Lachnus piniphila Ratzeburg.
—   *roboris* Lin.
—   *strobi* Fitch.
—   *tæniatus* Koch.
Pemphigus de Geeri Kalt.
Rhizobius pini Burmeister (racines).
Schizoneura fuliginosa Buckton.
—   *pinicola* Thomas.
—   *strobi* Fitch.

PISTACIA

Aploneura lentisci Pass.
Pemphigus cornicularius Pass.
—   *Derbesi* Licht.
—   *follicularius* Pass.
—   *pallidus* Derbès.
—   *pistaciæ* Linné.
—   *retroflexus* Courchet.
—   *semi-lunarius* Pass.
—   *utricularius* Pass.

PISUM

Siphonophora ulmariæ Schrank.

PLANTAGO

Aphis plantaginis Schrank.
Myzus plantagineus Pass.
Phorodon galeopsidis Kalt.

PLANTES DES SERRES

Aphis hibernaculorum Boyer.

PLATANUS

Lachnus platani Kalt.

POA

Endeis pellucida Buckton (racines).
Forda formicaria Heyden (racines).
Rhizobius poæ Buckton (racines).
— Thomas (racines).
Siphonophora longipennis Buckton.
— *cerealis* Kalt.
Sipha glyceriæ Kalt.
Tychea trivialis Pass. (racines).

POLYANTHIS

Aphis polyanthis Sulzer.
— *tuberosæ* Boyer.

POLYGONUM

Amycla albicornis Koch (racines).
Phorodon galeopsidis Kalt.
Siphonophora cerealis Koch.
— *polygoni* Buckton.

POPULUS

Aphis populi-albæ Boyer.
— *populifoliæ* Fitch.
Asiphum populi Koch.
Chitophorus lencomelas Koch.
— *lyratus* Ferrari.
— *populi* Lin.
— *tremulæ* Lin.
— *versicolor* Koch.
Cladobius populeus Kalt.
Drepanosiphum smaragdinum Koch.
Lachnus longirostris Fab.
Pachypripa marsupialis Koch
— *vesicalis* Koch.

Pemphigus affinis Kalt.

—   *bursarius* Lin.

—   *glandiformis* Rudow.

—   *marsupialis* Courchet.

—   *ovato oblongus* Kessler.

—   *popularius* Fitch.

—   *populicaulis* Fitch.

—   *populiglobuli* Fitch.

—   *populimonilis* Riley.

—   *populiramulorum* Riley.

—   *populitransversus* Riley.

—   *populivenæ* Fitch.

—   *populneus* Koch.

—   *pseudobyrsa* Walsh.

—   *protospiræ* Licht. (inéd.).

—   *pyriformis* Licht. (inéd.).

—   *spirothecæ* Pass.

—   *tortuosus* Rudow.

—   *vagabundus* Walsh.

—   *vesicarius* Pass.

Schizoneura Passerinii Signoret.

—   *tremulæ* De Geer.

PORTULACA

Myzus portulacæ Macchiati.

POTAMOGETON

Rhopalosiphum najadum Koch

POTENTILLA

Phorodon galeopsidis Kalt.

PRIMULA

Siphonophora malvæ Mosley.

PRUNUS

Aphis infuscata Koch.
—   *insititiæ* Koch.
—   *padi* Lin.
—   *persicæ* Boyer.
—   *pruni* Koch.
—   *prunicola* Kalt.
—   *prunifoliæ* Fitch.
—   *prunina* Walker.
Hyalopterus pruni Fab.
Myzus mahaleb Boyer.
Prorodon humuli Schrank.
—   *pruni* Scopoli.

PULICARIA

Phorodon inulæ Pass.

PUNICA

Aphis punicæ Pass.

PYRETHRUM

Aphis instabilis Buckton.

PYRUS

Aphis cratægi Kalt.
—   *discrepans* Koch.
—   *lentiginis* Buckton.
—   *mali* Fab.
—   *malifoliæ* Fitch.
—   *pomi* De Geer.
—   *pyrastri* Boisduval.
—   *pyri* Boyer.
—   *pyri* Koch.
Myzus mali Ferrari.
—   *oxyacanthæ* Koch.

Myzus pyrarius Pass.
    — *pyrinus* Ferrari.
Pemphigus pyri Fitch.
Schizoneura lanigera Hausmann.
        — *mali* Tougard.

QUERCUS

Calipterus discolor Monell.
      — *hyalinus* —
      — *punctatus* —
      — *quercicola* —
      — *quercifolii* —
      — *Walskii* —
Chaitophorus quercicola Monell.
Chermes atratus Buckton.
Drepanosiphum quercifoili Walck.
Lachnus fuscus Geoffroy,
      — *longirostris* Boyer.
      — *longirostris* Fab.
      — *quercifoliæ* Fitch.
      — *quercûs* Lin.
Myzocallis bella Walsh.
      — *insignis* Ferrari.
      — *quercea* Kalt.
      — *quercûs* Kalt.
Phylloxera coccinea Heyden.
      — *florentina* Targioni.
      — *punctata* Licht.
      — *quercûs* Boyer.
      — *Rileyi* Licht.
      — *scutifera* Signoret.
      — *spinulosa* Targioni.
Psylloptera quercina Ferrari.
Pterochlorus croaticus Koch.
      — *longipes* Léon Dufour.
      — *roboris* Linné.

Schizoneura querci Fitch.
Stomaphis quercûs Buckton.
Vacuna dryophila Schrank.

RANUNCULUS

Aphis ranunculi Kalt.
Pemphigus ranunculi Kalt.
Rhopalosiphum persicæ Sulzer.
—   *nymphææ* Koch.

RAPHANUS

Aphis raphani Schrank.
— *brassicæ* Lin.

RAPISTRUM

Rhopalosiphum persicæ Sulzer.

RHAMNUS

Aphis frangulæ Kalt.
— *rhamni* Schrank.
Myzus rhamni Boyer.

RHEUM

Aphis rhei Koch.
— *rumicis* Lin.

RHUS

Pemphigus Rhoïs Fitch.
Rhopalosiphum Rhoïs Fitch.
Schlechtendalia sinensis Doubleday.

RIBES

Aphis glossulariæ Kalt.
Myzus ribis Lin.
Schizoneura fodiens Buckton (racines).
Siphonophora ribicola Kalt.

ROBINIA

Aphis laburni Kalt.

ROSA

Hyalopterus dilineatus Buckton.
Lachnus maculatus Licht. (inéd).
Myzus rosarum Kalt.
   — *roseum* Macchiati.
   — *tetrarhoda* Walker.
Siphonophora dirhoda Walker.
      — *glauca* Buckton.
      — *rosæ* Lin.
      — *rosæcola* Pass.
Hyalopterus trirhoda Walker.

RUBUS

Aphis urticæ Fab.
Pemphigus rubi Thomas.
Sipha rubifolii —
Siphonophora rubi Kalt.

RUDBECKIA

Siphonophora rudbeckiæ Fitch.

RUMEX

Aphis acetosæ Lin.
   — — Buckton.
   — *rumicis* Lin.

SALIX

Aphis saliceti Kalt.
   — *spectabilis* Ferrari.
   — *truncata* Hausmann.
Cladobius populeus Kalt.

Chaitophorus capreæ Schrank.
—   *salicicola* Monell.
—   *salicivora* Pass.
—   *salicti* Schrank.
—   *viminalis* Monell.
—   *vitellinæ* Schrank.
Lachnus dentatus Lebaron.
—   *longirostris* Pass.
—   *salicelis* Fitch.
—   *salicicola* Uhler.
—   *saligna* Walker.
—   *viminalis* Boyer.
Melanoxanthus salicis Lin.
Pemphigus salicis Licht. (inéd.).
Pterocomma pilosa Buchton.
Rhopalosiphum salicis Monell.
Siphocoryne ægopodii Scop.
—   *capreæ* Fab.
Siphonophora salicicola Monell.

SALVIA

Rhopalosiphum elegans Ferrari.

SALVINIA

Rhopalosiphum nymphææ Koch.

SAMBUCUS

Aphis sambucariæ Pass.
—   *sambuci* Lin.

SANGUISORBA

Aphis sanguisorbæ Schrank.

SAROTHAMNUS

Siphonophora spartii Koch.

SAURURUS

Rhopalosiphum nymphææ Koch.

SCABIOSA

Aphis scabiosæ Schranck.
Siphonophora scabiosæ Buckton.
— *rosæ* Lin.

SCIRPUS

Toxoptera scirpi Pass.

SCORZONERA

Aphis papaveris Fab.

SCROPHULARIA

Myzus scrophulariæ Thomas.
Siphonophora scrophulariæ Buckton.

SCUTELLARIA

Aphis chloris Koch.

SECALE

Siphonophora cercalis Kalt.

SEDUM

Aphis sedi Kalt.

SENECIO

Aphisææ jacob Koch.
— *jacobææ* Schrank.
Siphonophora subterranea Koch.
Rhopalosiphum persicæ Sulzer.
Aphis myosotidis Koch.
— *cardui* Fab.

SERPYLLUM

Aphis serpylli Koch.

SESELI

Aphis seselii Licht. (inéd).

SETARIA

Aphis avenæ Fab.
Schizoneura venusta Pass. (racines)
Siphonophora setariæ Monell.
Tychea eragrostidis Pass. (racines).
   — *setariæ* Pass. (racines).
   — *setulosa* — —
   — *trivialis* — —

SILENE

Aphis cucubali Pass.
   — *silenea* Ferrari.
Hyalopterus melanocephalus Buckton.
Myzus lychnidis Koch.

SILYBUM

Aphis silybi Pass.

SINAPIS

Aphis brassicæ Lin.
Rhopalosiphum persicæ Sulzer.

SISYMBRIUM

Siphonophora alliariæ Koch.
   — *sisymbrii* Buckton.
   — *sonchi* Lin.

SMITHIA

Chaitophorus smithiæ Monell.

SOLANUM

Aphis nerii Kalt.
— *silybi* Pass.
— *solannina* Pass.
Megoura solani Thomas.
Siphonophora solani Kalt.

SOLIDAGO

Siphonophora solidaginis Fab.

SONCHUS

Aphis terricola Rondani.
Pemphigus lactucarius Pass.
Rhizobius sonchi Pass.
Rhopalosiphum lactucæ Kalt.
Siphonophora alliariæ Lin.
— *sonchella* Monell.
— *sonchi* Linné.
Trama troglodytes Heyden.

SORBUS

Aphis aucupariæ Buckton.
— *sorbi* Kalt.
Myzus — —

SORGHUM

Aphis avenæ Fab.
Pemphigus Boyeri Pass (racines)
Sipha maydis Pass.
Toxoptera graminum Rondani.

SPARGANIUM

Rhopalosiphum nymphææ Koch.

SPARTIUM

Aphis laburni Kalt.

Siphonophora ulmariæ Schrank.

SPIRŒA

Siphonophora ulmariæ Schrank.

STACHYS

Aphis symphyti Schrank.
Phoradon galeopsidis Kalt.
Rhizobius sonchi Pass. (racines).

STAPHYLEA

Rhopalosiphum staphyleæ Koch.

STELLARIA

Brachycolus stellariæ Hardy.

SYMPHITUM

Aphis consolidæ Pass.
— *symphiti* Schrank.

SYMPHORICARPUS

Aphis symphoricarpi Thomas.

TANACETUM

Myzus tanaceti Lin.
Siphonophora artemisiæ Koch.
— *lilacina* Ferrari.
— *tanacetaria* Kalt.
— *tanaceticola* —
— *ulmariæ* Schrank.

TARAXACUM

Aphis intybi Koch.
— *taraxaci* Kalt.

TEUCRIUM

Aphis teucrii Licht. (inéd).
Phorodon chamœdrys Pass.

THALICTRUM

Aphis thalictri Koch.

TORMENTILLA

Aphis tormentillæ Pass.

TILIA

Drepanosiphum tiliæ Koch.
Lachnus longistigmia Monell.
Pterocallis tiliæ Linné.
Schizoneura Reaumuri Kalt.
Siphonophora tiliæ Monell.

TRAGOPOGON

Aphis tragopogonis Kalt.

TRAPA

Rhopalosiphum nymphææ Koch.

TRIFOLIUM

Myzocallis ononidis Kalt.
Siphonophora ulmariæ Schrank.

TRITICUM

Aphis avenæ Fab.
Schizoneura venusta Pass. (racines).
Sipha maydis Pass.
Siphonophora cerealis Kalt.
Toxoptera graminum Rondani.
Tychea eragrostidis Pass. (racines).
      —   *trivialis* Pass.   id.

TULIPA

Aphis tulipæ Boyer.
Rhopalosiphum persicæ Sulzer.
Siphonophora tulipæ Monell.

TUSSILAGO

Aphis farfaræ Koch.
   — *petasitidis* Buckton.
Phorodon inul Pass.
Siphonophora tussilaginis Walker.

TURGENIA

Aphis papaveris Fab.

TYPHA

Myzus persicæ Pass.
Rhopalosiphum nymphææ Koch.

ULMUS

Callipterus elegans Koch.
   — *ulmicola* Thomas.
   — *ulmifolii* Monell.
Colopha ulmicola Monell.
Pemphigus pallidus Haliday.
   — *ulmifusus* Walsh.
Schizoneura americana Riley.
   — *compressa* Koch.
   — *lanuginosa* Hartig.
   — *Rileyi* Thomas.
   — *ulmi* Linné.
   — *ulmi* Boyer.
Tetraneura alba Ratzeburg.
   — *rubra* Licht.
   — *ulmi* De Geer.

URTICA

Aphis urticæ Fab.
— *urticaria* Kalt.
Siphonophora carnosa Buckton.
— *urticæ* Schrank.

VERBASCUM

Aphis verbascæ Schrank.

VERBENA

Aphis capsellæ Kalt.
— *verbenæ* Macchiati.
Rhopalosiphum persicæ Sulzer.
Siphonophora malvæ Mosley.
— *verbenæ* Thomas.

VERNONIA

Aphis vernoniæ Thomas.

VERONICA

Aphis beecabungæ Koch.

VIBURNUM

Aphis papaveris Fab.
— *opuli* Sulzer.
— *viburni* Scop.
Cladobius lantanæ Koch.

VICIA

Aphis craccæ Schrank.
— *craccivora* Koch.
— *fabæ* Scop.
— *medicaginis* Koch.
— *papaveris* Fab.
— *viciæ* Fab.

Megoura viciæ Buckton.
Siphonophora viciæ Kalt.
— *vincæ* Walker.
— *ulmariæ* Schrank.

VINCA

Siphonophora vincæ Walker.

VIOLA

Siphonophora malvæ Mosley.

VITEX

Aphis viticis Ferrari.

VITIS

Aphis vitis Scopoli.
Phylloxera vastatrix Planchon.
— *vitifoliæ* Fitch.
Siphonophora viticola Thomas.

XERANTHEMUM

Aphis intybi Koch.

YUCCA

Aphis yuccæ Licht. (inéd).

ZEA

Aphis maïdis Fitch.
— *papaveris* Fab.
Pemphigus Boyeri Pass. (racines).
— *Zeæmaidis* Loew (racines)
Sipha maydis Pass.
Toxoptera graminum Rondani.
Tychea setariæ Pass.

SUPPLÉMENT

au Catalogue spécifique, chap. II

8 *bis*. Acericola. — Aphis, Walker.

14 *bis*. Aceris.—Pemphigus, Monell.

30 *bis*. Amenticola. — Aphis, Kalt.

31 *bis*. Americanus. — Pemphigus, Walker.

32 *bis*. Archangelicæ.— Aphis, Scopoli.

54 *bis*. Asteris. — Aphis, Walker.

60 *bis*. Aurantii. — Aphis, Boyer.

86 *bis*. Bufo. — Aphis, Walker.

93 *bis*. Calthæ. — Aphis, Koch.

130 *bis*. Cerasina. — Aphis, Walker.

131 *bis*. Cerastii. — Aphis, Kalt.

149 *bis*. Citri. — Aphis, Ashmead.

155 *bis*. Comes. — Aphis, Walker.

170 *bis*. Corticalis. — Phylloxera, Kalt.

181 *bis*. Cucumeris. — Aphis, Forbes.

186 *bis*. Dahliæ. — Aphis, Mosley.

202 *bis*. Dolichii. — Aphis, Signoret.

228 *bis*. Ferulæ. — Vacuna, Macchiati.

228 *ter*. Ferulaginis. — Myzus, *idem*.

232 *bis*. Flavus. — Chaitophorus, Forbes.

259 *bis*. Geranii. — Aphis, Kalt.

262 *bis*. Glandulosa.—Siphonophora, Kalt. (s. Aphis.)

269 *bis*. Graminis. — Tetraneura, Monell.

272 *bis*. Grossus. — Lachnus, Kalt.
290 *bis*. Illata. — Aphis, Walker.
293 *bis*. Impingens. — Aphis, Walker.
307 *bis*. Juglandinis. — Aphis, *id*.
351 *bis*. Loti. — Aphis, Kalt.
353 *bis*. Luzulæ. — Aphis, *id*.
378 *bis*. Menthæ. — Aphis, Walker.
381 *bis*. Minor. — Siphonophora, Forbes.
481 *bis*. Prunaria. — Aphis, Walker.
486 *bis*. Pruni Mahaleb. — Aphis, Boyer.
553 *bis*. Salviæ. — Aphis, Walker.
569 *bis*. Setosa. — Aphis, Kalt.
570 *bis*. Sii. — Aphis, Koch.
584 *bis*. Spartanthi. — Schizoneura, Boisduval.
605 *bis*. Tanacetina. — Aphis, Walker.
619 *bis*. Trifolii. — Callipteras, Monell.
648 *bis*. Veratri. — Aphis, Walker.

SUPPLÉMENT

au Catalogue générique, chap. III

GENRE 1er

SIPHONOPHORA

Glandulosa.— Koch, Artemisia.

GENRE 8e

MYZUS

Ferulaginis.— Macchiati, Ferula.

GENRE 11e

APHIS

Acericola.— Walker, Acer.
Amenticola.— Kalt., Salix.
Archangelicæ.— Scop., Archangelica.
Asteris.— Walker, Aster.
Aurantii.— Boyer, Citrus
Bufo.— Walker,   (?)
Calthæ.— Koch, Caltha.
Cerasina.— Walker, Cerasus.
Cerastii.— Kalt., Cerastium.
Citri. — Ashmead, Citrus.

Comes.— Walker, Betula.
Cucumeris.— Forbes, Cucumis.
Dahliæ.— Mosley, Dahlia
Dolichii.— Signoret, Dolichus.
Geranii.— Kalt., Geranium.
Illata.— Walker, Cucumis.
Impingens.— Walker, Betula.
Juglandinis.— Walker, Juglans.
Loti.— Kalt., Lotus.
Luzulæ.— Kalt., Luzula.
Menthæ.— Walker, Mentha.
Prunaria.— Walker, Prunus.
Pruni Mahaleb.— Boyer, Prunus Mahaleb.
Salviæ.— Walker, Salvia.
Setosa.— Kalt., Sarothamnus.
Sii.— Koch, Sium.
Tanacetina. — Walker, Tanacetum.
Veratri.— Walker, Veratrum.

GENRE 15ᵉ

CHAITOPHORUS

Flavus. - Forbes, Sorghum.

GENRE 23ᵉ

LACHNUS

Grossus.— Kalt., Pinus.

GENRE 26ᵉ

CALLIPTERUS

Trifolii.— Monell, Trifolinum.

GENRE 29ᵉ

SCHIZONEURA

Spartanthi. — **Boisduval, Sarothamnus.**

GENRE 38ᵉ

PEMPHIGUS

Aceris.— **Monell, Acer.**
Americanus.— **Walker,   (?)**

GENRE 42ᵉ

TETRANEURA

Graminis.— **Monell, Graminées.**

GENRE 50ᵉ

VACUNA

Ferulæ.— **Macchiati, Ferula.**

GENRE 56ᵉ

PHYLLOXERA

Corticalis.— **Kalt., Quercus.**
Glabra.— **Heyden, Quercus.**

SUPPLÉMENT

à la Flore des Aphidiens, chap. IV

ACANTHACEÆ

Aphis nerii Kalt.

ACER

Pemphigus aceris Monell.
Aphis acericola Walker.

ACHILLEA

Siphonophora absinthii Lin.

ACROCLYNIUM

Aphis myositidis Koch.
— *opima* Buckton.

AGAVE

Aphis sambuci Lin.

AGROSTEMMA

Siphonophora cichorii Koch.

AGROSTIS

Tetraneura graminis Monell.

AILANTUS

Aphis mali Macchiati.

AIRA

Tetraneura graminis Monell.
Forda viridana Buckton.

ALLIARIA

Siphonophora sonchi L.

ALNUS

Pemphigus tessellatus Fitch.

ALOYSIA

Myzus ribis Lin.

AMORPHOPHALLUS

Siphonophora circumflexa Buckton.

ANETHUM

Siphonophora capreæ F.

ANTHRISCUS

Siphonophora ulmariæ Schrank.

ARCHANGELICA

Aphis archangelicæ Scop.

ARTEMISIA

Siphonophora glandulosa Kalt.

ARUM

Rhophalosiphum nymphææ Koch.

ASCLEPIAS

Aphis lutescens Monell.

ASPARAGUS

Aphis papaveris Fab.
Ropalosiphum persicæ Sulzer.

ASPERULA

Siphonophora pisi Kalt.

ASTER

Aphis asteris **Walker.**

ATRIPLEX

Aphis papaveris Fab.

BETULA

Aphis comes **Walker.**
— *impingens* **Walker.**
Pemphigus imbricator Fitch.

BIDENS

Aphis helichrysi Kalt.

BIGNONIA

Aphis nerii Kalt.

BORAGO

Aphis silybi Pass.
— *rumicis* Buckton.

BUNIAS

Aphis brassicæ Lin.

CALCEOLARIA

Rhopalosiphum persicæ Sulz.

CALLA

Siphonophora malvæ Mosl.

CAMPANULA

Siphonophora solidaginis F.

CANNA

Rhopalosiphum persicæ Sulz.

CARDUUS

Siphonopora sonchi L.

CARLINA

Siphonophora sonchi Lin.

CENTRANTHUS

Siphonophora rosæ Lin.
Aphis papaveris Fab.

CERASTIUM

Aphis cerastii Kalt.

CERASUS

Aphis cerasina Wàlker.

CERATOCHLOA

Schizoneura venusta Pass.

CRHYSANTHEMUM

Aphis beccabungæ Koch.

CHRYSOCOMA

Siphonophora campanulæ Kalt.

CITRUS

Aphis citri Ashmead.

COCHLEARIA

Rhopalosiphum persicæ Sulz.

CONVOLVULUS

Siphonophora solani Kalt.

CRAMBE

Aphis brassicæ Lin.

CRASSULA

Aphis papaveris Fab.

CROCUS

Rhopalosiphum persicæ Sulz.

CUCUBALUS

Aphis lychnidis Lin.

CUCUMIS

Aphis illata Walker.
   — *Cucurbiti* Buckton.
   — *Cucumeris* Forbes.

CUPHEA

Siphonophora malvæ Mosley.

CUPULARIA

Phorodon inulæ Pass.

CYCLAMEN

Siphonophora circumflexa Buckton.

CYPERUS

Aphis papaveris Fab.
— *polyanthis* Sulzer.

DACTYLIS

Toxoptera graminum Rondani.

DAHLIA

Aphis dahliæ Mosley.

DOLICHUS

Aphis dolichii Signoret.

DIPLANTHERA

Siphonophora diplantheræ Koch.

DURANTHE

Aphis nerii Kalt.

ERAGROSTIS

Colopha eragrostidis Monell.

ERIGERON

Aphis plantaginis Schrank.

ERODIUM

Siphonophora malvæ Mosley.

ERISYMUM

Aphis brassicæ Lin.

FERULA

Myzus ferulaginis Macchiati.
Vacuna ferulæ   —

FRAGARIA

Siphonophora minor Forbes.

FUMARIA

Aphis papaveris Fab.

GERANIUM

Aphis geranii Kalt.

GNAPHALIUM

Pemphigus gnaphalii Kalt.

GOSSYPIUM

Aphis gossypii Glover.

GRAMINÉES

Tetraneura graminis Monell.

HEMEROCALLIS

Aphis sambuci Lin.

HIERACIUM

Siphonophora sonchi L.

HYDROCOTYLE

Rhopalosiphum nymphææ Koch.

HYOSCYAMUS

Siphonophora solani Kalt.

HYOSERIS

Siphonophora pisi Kalt.
— *sonchi* Lin.

HYPOCHOERIS

Siphonophora picridis.

INULA

Siphonophora picridis.

JUGLANS

Aphis juglandinis Walker.

LACTUCA

Siphonophora sonchi.

LEONTODON

Siphonophora picridis Fab.

LEPIDIUM

Aphis myositidis Koch.
  — *brassicæ* Lin.
Rhopalosiphum persicæ Sulzer.

LIATRIS

Siphocoryne capreæ Fab.

LILIUM

Siphonophora lilii Monell.

LOLIUM

Toxoptera graminum Rondani.

LONICERA

Aphis loniceræ Monell.

LOTUS

Aphis loti Kalt.

LUZULA

Aphis luzulæ Kalt.

LYCOPSIS

Aphis bufo Walker.

LYSIMACHIA

Pemphigus lactucarius Pass.

MALOPE

Aphis malvæ Koch.

MELILOTUS

Aphis papaveris F.

MENTHA

Aphis menthæ Walker.

MESPILUS

Aphis mali Fab.

MYRTUS

Rhopalosiphum persicæ Sulzer.

NEMOPHILA

Siphonophora convolvuli Kalt.

NERIUM

Rhopalosiphum persicæ Sulzer.

NICOTIANA

Rhizobius (inéd.) Passerini.

ONOPORDON

Aphis cardui Lin.
— *onopordi* Schrank.
Siphonophora sonchi Lin.

ONOSMA

Aphis cardui Lin.

OPHRYS

Myzus cerasi Fab.

OPUNTIA

Aphis papaveris Fab.

ORLAYA

Aphis carotæ Fab.

PARIETARIA

Aphis urticæ Fab.

PETASITES

Aphis petasitidis Buckton.
Phorodon galeopsidis Kalt.

PEUCEDANUM

Siphocoryne capreæ.

PICRIDIUM

Siphonophora picridis Fab.

PINUS

Lachnus australis Ashmead.
—   *grossus* Kalt.

PITTOSPORUM

Aphis sambuci Lin.

PLANERA

Schizoneura lanuginosa Hart.

POLYGONUM

Aphis polygoni Licht.

PONTEDIRIA

Rhopalosiphum nymphææ Lin.

PORTULACA

Aphis portulacæ Pass. (inéd.)

PRUNUS

Aphis prunaria Walker.
— *pruni Mahaleb* Boyer.

PYRUS

Callipterus mucidus Fitch.

QUERCUS

Phylloxera corticalis Kalt.
—   *glabra* Heyden.

RHUS

Malaphis rhoïs Walsh.

RUTA

Siphonophora jaceæ Lin.

SALIX

Chaitophorus smithiæ Monell.
Siphonophora brevifurca Monell.
—   *amenticola* Kalt.

SALVIA

Aphis salviæ Walker.

SAROTHAMNUS

Aphis setosa Kalt.
Schizoneura spartanthi Boisduval.

SIUM

Aphis sii Koch.

SORGHUM

Chaitophorus flavus Forbes.

SPINACIA

Aphis brassicæ Lin.
— *papaveris* Fab.
Rhopalosiphum persicæ Sulzer.

SPARAXIS

Siphonophora circumflexa Buckton.

SYCIOS

Aphis lactucæ Schrank.

TANACETUM

Aphis tanacetina Walker.

THLASPI

Aphis thlaspeos Schrank.

THYMUS

Aphis serpylli Koch.

TRIFOLIUM

Callipterus trifolii Monell.

TURGENIA

Aphis papaveris Fab.

ULEX

Aphis papaveris Fab.

UROSPERMUM

Siphonophora hieracii Kalt.

VALERIANA

Siphonophora rosæ Lin.

VERATRUM

Aphis veratri Walker.

YUCCA

Myzus roseus Macchiati.

ZEA

Aphis zeæ Bonafous.

––––––

CHAPITRE V

Généralités

Les Pucerons ou Aphidiens appartiennent à l'ordre des Hémiptères, section des Homoptères (1); ce sont de petits insectes mous d'un à deux millimètres, que la plus légère pression peut mutiler. Après la mort, ils perdent leur forme et leur couleur, et ne sont plus reconnaissables ; ils ne peuvent donc pas être piqués en collection comme les autres insectes.

Cette difficulté dans la conservation de ces petits animaux paraît avoir arrêté mes devanciers. Après y avoir longtemps réfléchi, j'ai trouvé qu'on pouvait parfaitement les conserver dans du baume de Canada ou dans de la colophane dissoute dans de l'essence de térébenthine, en les mettant entre deux morceaux de verre ou de talc très-minces et bien transparents, que l'on réunit par un petit morceau de papier gommé et que l'on peut ainsi piquer dans les boîtes.

Certainement les couleurs disparaissent, mais les formes restent, et les articles des antennes comme les nervures des ailes sont très-faciles à voir au microscope. Une collection d'Aphidiens ainsi établie dure éternellement, puisqu'ils se trouvent englobés dans un ambre artificiel qui, ne craint ni le froid

(1) Quoique les caractères buccaux réunissent évidemment les Pucerons aux *Punaises* (*Hémiptères-Hétéroptères*) et aux *Cigales* (*Hémiptères-Homoptères*), il y a tellement d'autres caractères plastiques et surtout biologiques qui distinguent les Aphides de tous les autres groupes d'insectes qu'il n'y aurait aucun inconvénient, je crois, à adopter le mot de *Phytophtires,* de Burmeister, pour former un groupe ou même un ordre à part pour ces petits animaux. Mais j'en exclurai, contrairement à ce qu'a fait Burmeister, les *Psyllodes,* qui sont évidemment par leur biologie plutôt des *Cicadaires* que des *Aphidiens;* car leurs métamorphoses rentrent dans les règles générales de celles des autres Hémiptères et n'offrent pas, les formes de fausses femelles ou *Pseudogynes,* si remarquables chez les *Aphidiens.*

ni l'humidité et ne pourrait être attaqué que par une chaleur assez forte pour fondre la résine.

Il y a des Pucerons ailés et d'autres aptères, selon la phase de leur existence, comme il sera dit au chapitre suivant de la Biologie.

Les aptères sont ronds ou ovales, fortement bombés, et sont tantôt lisses, tantôt velus ou laineux. Les ailés sont un peu plus allongés, comme aussi les nymphes, et sont aussi glabres, velus ou laineux, selon les espèces. Pour la couleur, elle varie du noir au brun chez les uns, et du vert ou jaune foncé au vert le plus clair chez les autres ; les ailés sont en général plus foncés, surtout sur le thorax. Il y en a quelques-uns de blancs, de rouges et de brillants comme du métal.

Quelques espèces du sureau, du pavot, de l'oseille, sont d'un noir mat ; d'autres des lychnis, des cerisiers, des pruniers, sont d'un noir brillant ; d'autres enfin des chênes, des chardons, de la chicorée, offrent un éclat métallique. En général, les Pucerons sont d'une couleur uniforme, nuagée de plus ou de moins foncé ; mais sur l'absinthe, le saule, le bouleau, etc., on en voit de variés de diverses couleurs. Enfin, dans la même colonie, les couleurs ne sont pas toujours uniformes et, selon l'âge ou la phase d'existence, elles peuvent varier. Très-souvent les sexués sont d'une autre couleur que les premiers âges ; mais il faut aussi faire attention que, plus d'une fois, plusieurs espèces de Puceron se trouvent mêlées sur la même plante. Cela arrive très-souvent sur les laitues et autres Composées.

La TÊTE est assez uniformément construite chez tous les Pucerons : elle est petite, plus large que longue, et porte toujours deux petites fossettes longitudinales plus ou moins visibles sur le vertex. Celui-ci est ordinairement uni et plus ou moins convexe, sauf dans les espèces munies de tubercules frontaux dont nous parlerons plus bas, et qui, naturellement, offrent alors un enfoncement ou petit canal sur le front entre les tubercules.

Les ANTENNES sont très-diversement conformées et fournissent de très-bons caractères pour l'établissement des genres, d'après le nombre des articles et leur conformation. Dans le groupe des *Phylloxériens*, les antennes n'ont que *trois* articles ; chez les *Chermésiens*, on en trouve *cinq* ; chez les *Pemphigiens, Schizoneuriens* et *Lachniens*, nous en trouvons *six*, et enfin, chez tous les autres, il y en a *sept*, au moins en apparence, car le septième article n'est qu'un prolongement aminci du sixième, sans qu'il y ait de séparation complète entre le sixième et le septième.

C'est surtout chez les formes ailées que le nombre d'articles antennaires est utile pour la classification, car chez les aptères qui précèdent ou suivent les formes ailées l'antenne offre presque toujours moins d'articles que chez les ailés. De plus, il y a dans l'antenne de ceux-ci des *fossettes olfactives* de diverses formes, circulaires, ovales, arrondies, qui n'ont pas encore, que je sache, été employées comme caractères et que j'utiliserai quelquefois.

Le plus généralement, les aptères n'offrent que très-peu ou point de ces *fossettes olfactives,* sauf celles qui existent au point de jonction ou de constriction du sixième au septième article. Les Pseudogynes ailées ont des fossettes sur le premier et quelquefois sur le second article, ce qui leur suffit, paraît-il, pour trouver la plante sur laquelle elles ont à porter leur progéniture ; mais les mâles, qui ont, non-seulement à trouver la plante, mais encore la femelle qui les attend, ont les antennes toutes couvertes de fossettes. Cette disposition semblerait bien prouver que ces organes sont le siége de l'odorat chez les Pucerons.

Les antennes sont implantées directement sur le front ou sur de petits tubercules frontaux quelquefois gibbeux ou dentés. Cette disposition permet de faire quelques divisions dans le genre très-nombreux des Aphidiens à sept articles aux antennes. La longueur de l'antenne relativement au corps est aussi un caractère que j'utiliserai.

Les YEUX sont placés des deux côtés de la tête, à côté des antennes. Ce sont des yeux à réseau, comme ceux des Diptères, mais ils ont presque toujours un petit œil accessoire implanté comme un petit tubercule à la base du premier. Ce petit œil annexé est séparé du grand par une fine membrane. Très-gros chez les formes ailées, les yeux peuvent rester très-petits chez les aptères ou chez les formes imparfaites des Pucerons qui vivent sous terre.

Outre les gros yeux à facette, les formes ailées ont trois ocelles, un au milieu du front, les deux autres à côté du bord supérieur de l'œil.

Le BEC ou ROSTRE, qui part du bord inférieur de la tête et qui s'applique contre la poitrine pendant le repos, est de diverses longueurs. Chez quelques espèces, il n'arrive qu'à la hauteur de l'insertion des premières pattes ; chez d'autres, il atteint ou dépasse les secondes ou troisièmes ; chez quelques autres enfin, et notamment chez les *Lachniens*, ce bec dépasse quelquefois de beaucoup le bout de l'abdomen. Le bec est toujours de trois articles, le premier en général aussi long ou plus long que les deux autres ensemble. Il offre au milieu une fente ou tuyau longitudinal, qui renferme trois longues soies très-fines ordinairement réunies. A la racine du bec, on voit une espèce de bourrelet, qui affecte une forme triangulaire et recouvre en partie la fente du premier article. C'est pour ainsi dire la lèvre supérieure, qui porte soudées à sa partie interne les trois soies dont nous venons de parler, lesquelles font l'office de langue pour les Pucerons. Quoiqu'on ne puisse voir que trois soies, l'inférieure est toujours plus épaisse que les deux supérieures et pourrait bien être composée de deux soies accollées et soudées ensemble ; nous retrouverions alors dans cette disposition les mandibules et mâchoires des autres insectes. Je l'admets d'autant mieux que dans l'embryon de ces insectes on voit deux filets en spirale de chaque côté de la tête. Les soies sont bien plus longues que le bec ; chez les Chermésiens, par exemple, elles sont six à huit fois plus longues et sont repliées sous l'abdomen comme chez les Cochenilles. Très-probablement ces soies sont humectées d'une liqueur qui permet à plusieurs espèces de ces insectes de provoquer sur les tendres pousses des plantes des déformations ou même des galles de formes très-diverses.

La tête est enchâssée dans le PROTHORAX, qui en est séparé par un étranglement peu visible quelquefois chez les aptères. Ce prothorax est en général plus étroit que la tête chez les formes ailées, mais plus large chez les formes privées d'ailes. Il est souvent armé chez quelques espèces d'un ou plusieurs petits tubercules charnus sur les côtés. Il porte la première paire de pattes.

Le MESOTHORAX chez les ailés est composé : de deux grands triangles sur les côtés, d'une plaque triangulaire sur sa partie antérieure et d'un écusson assez large. Cet anneau mésothoracien porte les deux ailes antérieures et la paire de pattes du milieu.

Le MÉTATHORAX, soudé avec le mésothorax, porte les deux ailes inférieures et la dernière paire de pattes.

Chez les formes aptères, tout le thorax ne forme qu'une pièce, qui est soudée dans toute sa largeur à l'abdomen.

L'ABDOMEN est composé de huit segments, qui ne sont pas, comme chez les Hyménoptères, enchâssés les uns dans les autres, mais qui ont une enveloppe commune et ne sont séparés que par des plis. Le bord de l'abdomen est plus ou moins rebordé et garni quelquefois de fossettes. Ce caractère a été utilisé par quelques auteurs ; mais, comme ce rebord et ces fossettes dépendent du plus ou moins de nourriture qu'absorbe l'animal, qui est d'autant plus rebordé ou marqué de fossettes qu'il a plus ou moins jeûné, j'ai cru pouvoir négliger ce caractère ; l'abdomen porte sur les côtés les stigmates qui sont souvent indiqués par un petit point coloré.

Les NECTAIRES sont des organes particuliers aux Pucerons, dont on n'a pas encore bien expliqué les fonctions. Ce sont deux petits cornicules implantés sur les flancs du dixième segment de l'abdomen et de forme très-variable, tantôt courts, tantôt longs ; ils peuvent être cylindriques, coniques, en massue, selon les espèces, et fournissent de très-bons caractères. Ils sont mobiles, ordinairement dressés un peu obliquement, mais quelquefois ils sont appliqués contre l'abdomen et en suivent l'inclinaison. La présence des *nectaires* est le caractère le plus saillant du grand groupe des Aphidiens.

La QUEUE, c'est-à-dire un petit prolongement charnu implanté au bout de l'abdomen, accompagne ordinairement la présence des nectaires ; les longueurs relatives de ces deux organes ont permis aux auteurs d'établir quelques bonnes coupes dans le groupe des Pucerons à sept articles aux antennes. Les autres n'ont en général ni nectaires, ni queue ; la queue peut être comme les nectaires : cylindrique, conique, en massue, en sabre. La présence de la queue est aussi fort utile, en ce sens qu'elle indique qu'on a affaire à un individu apte à procréer, soit agame, soit sexué, ce qui est une indication précieuse, quoiqu'il soit encore plus sûr de choisir pour l'étude des individus pondant, ce qui est assez facile à trouver. La queue est placée directement au-dessus de l'ouverture anale sur la plaque qui la ferme, en s'appliquant sur une autre plaque, qui forme à la fois la partie inférieure de l'ouverture anale et la partie supérieure de l'ouverture génitale ; au-dessous de celle-ci se trouve une plaque inférieure pour fermer la vulve. La couleur de ces plaques au bout de l'abdomen est ordinairement plus foncée que le reste du corps et peut être employée comme caractère, selon cette coloration.

Les PATTES sont conformées comme chez la plupart des autres insectes et offrent les mêmes parties : trochanter. cuisse, tibia et tarses. Les tarses n'ont que deux articles : le premier, très-petit, s'avance anguleusement sous le second, qui est très-long et garni généralement de deux crochets au bout. Les tibias sont en général ronds ou prismatiques ; mais, dans quelques espèces, ils sont applatis chez les femelles.

Les AILES sont, comme nous l'avons dit plus haut, insérées au *méso* et *métathorax;* les antennes sont plus grandes que les inférieures : elles dépassent l'abdomen et sont quelquefois élégamment ornées de dessins noirs ou bruns.

La nervation des ailes antérieures offre d'excellents caractères pour la classification.

Cette nervation consiste en une forte nervure bordant la côte supérieure de l'aile (*nervure costale*), sous laquelle court parallèlement une seconde nervure plus fine (*nervure cubitale*), qui s'arrondit pour rejoindre la costale, en formant un empâtement oblong ou anguleux, qui s'appelle le *stigma;* de la nervure cubitale partent, plus ou moins immédiatement, quatre nervures diagonales, qui se dirigent obliquement vers le bord inférieur de l'aile.

La première et la seconde de ces nervures, du côté du corps, sont simples ; la troisième, appelée *le cubitus,* peut être simple ou bien une fois ou deux fois fourchue ; la quatrième, qui part du *stigma,* est ordinairement plus ou moins courbe et rejoint le bout de l'aile. Elle manque dans quelques genres.

Le cubitus est à double fourche chez tous les Aphidiens à queue et cornicules (sauf chez le genre *Toxoptera*).

Les Schizoneuriens et le genre Vacuna ont le cubitus à simple fourche.

Tous les autres genres ont le cubitus simple.

Les ailes inférieures n'offrent qu'une nervure sous-costale, qui va vers le bout de l'aile en omettant une ou deux nervures diagonales. Quand il y en a deux, elles peuvent ou partir du même point, en formant la patte d'oie, ou avoir des points de départ séparés. Ces ailes inférieures sont anguleuses vers le milieu de leur bord supérieur, et l'angle porte de petits crochets qui, dans le vol, se fixent dans les encoches correspondantes de l'aile antérieure.

Toutes ces conditions rendent le classement des insectes ailés bien plus facile que celui des aptères ; mais, malheureusement, nous verrons que ces ailés ne sont que des formes de fausses femelles, imparfaites sous le rapport des organes génitaux, ou des mâles. Les formes sexuées aptes à s'accoupler sont, au contraire, souvent tout à fait déshéritées sous le rapport des organes autres que ceux de leur sexe, et manquent d'ailes, de rostre et d'organes intérieurs autres que les organes génitaux, comme nous allons le voir au chapitre suivant.

CHAPITRE VI

Biologie

On a souvent comparé un arbre à un faisceau d'individus réunis, dans lequel chaque fleur représentait une individualité; on pourrait peut-être se représenter idéalement une colonie d'Aphidiens arrivée à son apogée comme ce même faisceau, dont les divers membres seraient disjoints, mais, quoique épars, correspondraient aux diverses parties de l'arbre : tronc, branches, rameaux, feuilles, fleurs et fruits.

En effet, l'œuf d'un Aphide a beaucoup plus d'analogie avec la graine d'un végétal qu'avec les œufs des autres insectes : chez ces derniers, le sexe est déjà constitué dans l'œuf, puisque de chacun d'eux doit provenir, après une série plus ou moins longue de métamorphoses, soit un mâle, soit une femelle, soit un individu neutre (*fourmis, abeilles, termites*) qui n'est qu'une femelle avortée. Cette séparation de sexe, déjà dans l'œuf, ne se retrouve dans les végétaux que chez les plantes dioïques : le *palmier*, le *chanvre*, etc., où il existe des pieds mâles et des pieds femelles ; mais la grande majorité des plantes, arbrisseaux ou arbres, ont une graine *unique*, contenant le germe des deux sexualités, qui ne se développeront à nos yeux que quand l'arbre fleurira et que les organes mâles et femelles feront leur apparition.

Il en est de même de l'œuf du Puceron, qui, très-souvent, est *unique* chez la femelle fécondée et qui, *en tous cas*, contient, sous une seule enveloppe, les germes des sexualités que nous ne verrons se développer qu'après une série de plusieurs phases d'individus agames, ne se reproduisant que par gemmation ou bourgeonnement, sans le concours du sexe mâle.

C'est ainsi que de la *souche-mère* de ce Puceron unique que les auteurs allemands appellent *Stammutter* (Koch et Kaltenbach), ou *Urthier* (Kessler), nous verrons procéder une deuxième, une troisième, une quatrième série de branches, rameaux et bourgeons, qui nous fourniront enfin les deux êtres sexués dont l'accouplement aura pour résultat l'*œuf fécondé.* Or ces quatre phases successives de l'évolution biologique d'un Puceron sont marquées par l'apparition d'un individu apte à se reproduire par bourgeonement ; ces individus qui remplissent ainsi une partie des fonctions d'une femelle, la *reproduction,* sans être aptes à remplir l'autre partie, c'est-à-dire l'*accouplement,* je les appelle de fausses femelles ou des *Pseudogynes.*

Ma théorie des Pseudogynes a été vivement combattue par tous les savants qui s'occupent d'embryologie, et, avec la plus grande courtoisie, la grande majorité des embryologues ont déclaré que mes Pseudogynes étaient de vraies femelles, aussi bien que celles qui s'accouplent et qui pondent des œufs.

Eh bien ! malgré mon ignorance des questions d'anatomie comparée, malgré tout le respect que j'ai pour les honorables professeurs qui ont bien voulu examiner ma théorie de l'évolution des Aphides, je persiste à la maintenir, sans prétendre pourtant le moins du monde que la raison soit de mon côté : au contraire, il est probable que je me trompe, puisque des maîtres dans la science le jugent ainsi ; mais cependant les faits que j'ai à citer sont si frappants de vérité, confirment tellement les hypothèses que j'ai osé émettre depuis près de dix ans, que, sans oser dire à mes savants contradicteurs : « Si vous n'avez pas trouvé de différence, c'est que vous n'avez pas bien cherché », j'espère qu'on me rendra justice un jour.

On m'accordera bien que, quand même on ne trouverait aucune différence entre la première cellule d'un bourgeon à feuilles et celle d'un bourgeon à fruit, ce dernier aboutira à une graine, et le premier n'aboutira qu'à des feuilles. Eh bien ! quand même on ne trouverait aucune différence entre une vraie femelle de Puceron et une forme de celles que j'appelle des Pseudogynes, il y aura toujours la différence du produit, qui sera d'un œuf pour la première et d'un bourgeon sous forme d'un petit vivant chez les Pseudogynes, dont on voit les petits déjà formés dans le corps. La vraie femelle n'a jamais d'ailes chez les Pucerons ; les Pseudogynes en ont souvent, mais on n'a jamais vu les mâles d'aucune espèce de Puceron accouplés à un individu ailé, ce qui semblerait prouver que ces formes extérieurement si parfaites, que tous les auteurs avant et après moi ont appelées et continuent à appeler des femelles, sont impropres à l'un des actes les plus caractéristiques de leur sexe, à la fécondation.

Normalement, chez les Aphidiens, quatre Pseudogynes précèdent l'apparition des individus sexués.

Sans discuter sur la valeur des dénominations que j'ai adoptées, et dont quelques-unes pourraient donner prise à la critique, je nomme la première Pseudogyne la Fondatrice, *Pseudogyna fundatrix ;* la seconde, l'Émigrante. *Pseudogyna migrans ;* la troisième, la Bourgeonnante, *Pseudogyna gemmans ;* la quatrième, la Pupifère. *Pseudogyna pupifera.*

Cette dernière pond les formes sexuées mâles et femelles.

La règle me paraît être, pour ces quatres formes, qui remplacent les quatre formes larvaires des autres insectes, une intermittence d'états ailés et d'états aptères.

La *Pseudogyna fundatrix* est (toujours ?) aptère.

La *Pseudogyna migrans* est le plus souvent ailée, mais elle peut être aptère et même quelquefois en partie aptère et en partie ailée, quoique pondue par la même Pseudogyne.

La *Pseudogyna gemmans* est le plus souvent aptère, mais pas toujours, et peut présenter les mêmes phénomènes que la précédente.

La *Pseudogyna pupifera* est tantôt ailée, tantôt aptère. Je crois qu'elle ne fournit que des individus sexués, mâles et femelles mélangés ; pourtant, à côté de ceux-ci elle pourrait fort bien, chez quelques espèces, donner aussi des individus agames, quoique je ne l'aie jamais vu encore.

Enfin pour les sexués : les femelles des Aphidiens sont *toujours* aptères ; les *mâles* sont tantôt aptères, tantôt ailés ; quelquefois même, dans la même espèce, il y a des mâles ailés et des mâles aptères, donc *polymorphisme.*

Chez les insectes des autres ordres, les états précédant l'apparition des individus sexués, tels que : larves, nymphes, chrysalides, pupes, etc., présentent des formes très-diverses ; par exemple, la chenille ressemble très-peu à la chrysalide et encore moins au papillon, tandis que, chez les Aphidiens, les stages de la vie se succèdent en conservant, entre tous les états larvaires, c'est-à-dire entre toutes les Pseudogynes et leur descendance, une grande similitude de forme. Souvent, dans la même espèce, la *Pseudogyne émigrante* ailée est très-difficile à distinguer de la *Pseudogyne pupifère,* et, si ce n'était la différence dans les produits, qui sont chez cette dernière des individus munis des organes génitaux dûment constitués, on ne saurait leur assigner leur véritable place. Les anciens auteurs les ont toujours confondues entre elles.

Chez les Lépidoptères, la croissance larvaire ne s'observe bien que chez les chenilles où les quatre mues ordinaires sont marquées par des différences de taille et de couleur, aussi bien que par les dépouilles abandonnées ; dans les autres phases de l'évolution biologique, le changement dans les pupes ou chrysalides, s'il y en a, sont difficiles à voir.

Chez l'Aphidien, au contraire, chacun des quatre stages, c'est-à-dire chaque *Pseudogyne,* subit après sa sortie de l'œuf (pour la *fondatrice*) ou de la mince pellicule qui l'enveloppe à sa naissance (pour les trois autres *Pseudogynes*) quatre mues ; même les sexués qui sont souvent privés de rostre, et qui ne se nourrissent pas, n'en changent pas moins quatre fois de peau avant de s'accoupler. Si l'on voulait recueillir toutes les dépouilles que laisse derrière lui un Puceron depuis sa sortie de l'œuf jusqu'au moment où il est apte à s'accoupler, on en trouverait vingt-quatre ; c'est ce qui explique comment une plante envahie par les pucerons est souvent toute blanche des dépouilles de ces petits animaux.

Une autre différence très-notable entre les métamorphoses des Pucerons et celle des autres insectes est que, chez ces derniers, la modification larvaire est simple, et qu'elle est multiple chez l'Aphidien. Ainsi une chenille ne donne qu'une chrysalide, et cette chrysalide ne donne qu'un papillon.

Une Pseudogyne *fondatrice* donnera au contraire plusieurs Pseudogynes *émigrantes,* celles ci plusieurs *bourgeonnantes,* et ainsi de suite.

Cette reproduction par bourgeonnement, qui ressemble beaucoup à la ponte des autres insectes, a fait prendre les formes des *Pseudogynes* pour des insectes parfaits, surtout quand elles étaient ailées. Un grand nombre de célèbres observateurs ont étudié l'anatomie de ces animaux. Beaucoup ont donné un certificat de sexualité femelle à un insecte incapable de s'accoupler et ne possédant même pas de forme mâle correspondante.

D'autres, non moins célèbres, ont établi de notables différences entre la femelle vivipare (la *Pseudogyne*) et la femelle ovipare (la vraie femelle).

Je suis incompétent pour me lancer dans une discussion sur les questions d'embryogénie, et cela m'éloignerait de mon sujet, qui est simplement l'histoire des phénomènes *extérieurs* dont je suis témoin, et non pas l'examen des causes, très-occultes encore, de ces phénomènes.

Donc, sans examiner s'il y a ou s'il n'y a pas de différence entre un œuf ou une graine et un bourgeon, animal ou végétal, pour ce qui est de leur origine et de leur constitution, je constate qu'il y a deux moyens de reproduction qui peuvent conduire au même but dans le même temps.

Je m'explique : un œuf de Puceron, de Phylloxéra par exemple, éclosant au printemps, ou une *Pseudogyne bourgeonnante* de ce même insecte sortant de son sommeil hivernal et muant à la même époque, me donneront une série de formes aboutissant enfin aux mêmes individus sexués.

Tout comme un pépin de raisin ou un bout de sarment, mis en terre, arriveront l'un et l'autre à me donner un fruit identique, après production de rameaux, feuilles et fleurs.

On m'objectera que, soit le Phylloxéra qui a passé l'hiver, soit la bouture de vigne, ont probablement dû leur origine à un œuf ou à un pépin de l'année ou des années précédentes ; c'est possible, mais ne serait-il pas possible aussi que l'œuf ou la graine primitifs n'aient jamais existé ou aient disparu du globe ? et, en voyant combien de plantes se reproduisent sous nos yeux par bulbes, rhizomes, tubercules, boutures, sans donner de graines fécondes, combien de Pucerons fournissent leurs colonies permanentes sans le concours de la fécondation (essais de Bonnet, Kyber, etc.), ne doit-on pas admettre que l'hypothèse d'une reproduction agame indéfinie n'a rien de contraire au bon sens ? Si nous sommes témoins de cette reproduction pendant trois, quatre, cinq ans, pourquoi ne durerait-elle pas davantage ? Pourquoi ne durerait-elle pas éternellement ? Réaumur a déjà posé cette question.

Pour les végétaux, le fait d'une reproduction agame indéfinie existe, je crois, déjà. On m'assure que le saule pleureur, par exemple, et le peuplier d'Italie, — ainsi deux de nos arbres les plus communs, — sont dioïques ; mais que l'un des sexes a disparu depuis des siècles, ce qui rend impossible la production d'une graine fertile. Il ne reste donc que le bourgeon comme moyen de reproduction de ces deux végétaux. Cela n'empêche pas que nos prairies et les bords de nos cours d'eau se couvrent de peupliers et de saules par une puissance de germination ou de bourgeonnement qui paraît indéfinie.

S'il est prouvé, par exemple, que, depuis Moïse, quand les Hébreux pleuraient à l'ombre des saules de Babylone, cet arbre n'a point donné de graines et s'est reproduit par bourgeonnement, les Pucerons de cet arbre n'ayant pas plus besoin que lui d'une graine, puisqu'ils jouissent de la faculté de se reproduire aussi par bourgeonnement, ne peuvent-ils pas être considérés comme des êtres qui peuvent se passer de femelles, de mâles, de fécondation et d'œufs ?

Il y a cependant dans ces questions des anomalies inexpliquées ; car tel végétal dioïque qui n'aura donné, pendant une longue série d'années, que des fleurs mâles, pourra fort bien tout d'un coup donner des fleurs dioïques ou même des fleurs femelles ; on en a vu des exemples. De même, une famille de Pucerons qui se sera reproduite plusieurs années à l'état de *Pseudogyne,* pourra nous offrir tout d'un coup des sexués, tout comme, plus rarement, des insectes chez lesquels nous sommes habitués à voir les deux sexes peuvent nous offrir les phénomènes de la parthénogenèse, ou de la reproduction sans concours des mâles. Il n'y a rien d'absolu dans la nature : l'étude de la biologie des Aphidiens le prouve à chaque pas.

Donc, dans cette monographie, tout en admettant, comme cycle normal de l'évolution des Aphidiens, la série des quatre Pseudogynes que je viens d'indiquer, suivie de la présence des formes mâles et femelles, je préviens d'avance qu'il y aura de nombreuses exceptions à la règle, et que telle ou telle phase, même la sexuée, pourra faire défaut dans l'une ou l'autre espèce. Je ferai usage de ces diverses circonstances dans la classification naturelle de ces insectes.

La manière de vivre des Aphidiens est des plus variées. On en trouve partout : sur les arbres, sur les plantes et à leurs racines ; les uns s'attachent à un seul végétal, d'autres sont polyphages ; quelques-uns passent une partie de leur existence sous terre et l'autre dans des galles, sur les arbres. En général, les Pucerons ne vivent que sur les pousses les plus tendres, et ceux qui produisent des galles s'attaquent à la feuille ou au bourgeon tout à fait dès le début de la végétation : c'est là que, sous l'influence de la piqûre de la Pseudogyne *fondatrice*, la couche génératrice qui s'étend sous l'épiderme de la plante prend les formes les plus bizarres pour produire les singulières difformations sous lesquelles s'abriteront les colonies d'*Émigrants*, jusqu'à ce qu'ils soient en mesure de se mettre en route.

Il a été beaucoup écrit et beaucoup discuté sur les causes qui pouvaient concourir à la formation de la galle et à la diversité des formes que nous offrent ces monstruosités végétales. Il me semble qu'on ne peut hasarder que des hypothèses très-vagues ; car il me paraît évident qu'il est aussi difficile d'expliquer la variété des formes des galles que la variété des formes des feuilles de nos végétaux. Qui nous dira pourquoi le laurier a des feuilles lisses et en ovale, le chêne des feuilles dentelées, la vigne de grandes feuilles lobées et duveteuses, quand toutes ces formes proviennent de cellules dans lesquelles nos plus puissants instruments ne nous permettent pas de découvrir la cause première de ces modifications dans la forme des organes extérieurs du végétal ? Les galles sont-elles simplement dues à l'action physique de la piqûre de l'insecte ? Est-ce, au contraire, une action chimique, en ce sens que le Puceron joindrait à la blessure l'injection d'un suc particulier ? Je crois que, jusqu'à présent, la cause de ces formations anormales n'est pas expliquée.

Beaucoup d'espèces de Pucerons vivent en plein air ou sous des feuilles à peine repliées ou enroulées. Pour ceux-là, les migrations sont plus difficiles à suivre ; car, dans leur étonnante fécondité, il arrive très-souvent que la Pseudogyne *émigrante* commence à pondre quand la Pseudogyne *fondatrice* n'a pas encore cessé elle-même de donner naissance à tous les bourgeons qu'elle porte dans son sein. A cette source d'erreurs se joint encore celle dérivant du fait que, chez beaucoup d'espèces, la même Pseudogyne pondra des petits qui prendront des ailes et d'autres qui n'en prendront pas ; bien plus, nous en trouverons (les *Chaitophorus*) chez lesquelles nous verrons la même *Pseudogyne* pondre trois formes de Puceron très-différentes entre elles. Enfin, tout d'un coup, par les grandes chaleurs, beaucoup d'espèces disparaissent tout à fait ou du moins deviennent très-rares ; et puis, en automne, dès que le temps se rafraîchit, on voit reparaître un Puceron isolé, soit ailé, soit aptère, selon l'espèce, qui vient rapporter, sur la plante où la *fondatrice* est appelée à vivre l'année suivante, les formes mâles et femelles, qui s'accoupleront et y laisseront l'œuf fécondé.

Ici, comme pour tout le reste il y a de nombreuses exceptions quant à l'époque des accouplements et de la ponte, car, si on en trouve beaucoup en octobre et novembre, on peut en voir en mai et juin. Les cinq ou six espèces qui vivent sur le pistachier et le lentisque sont dans ce dernier cas.

CHAPITRE VII

Classification naturelle

J'ai donné plus haut la classification adoptée par Passerini et je la suivrai à peu près, mais en la retournant ; c'est-à-dire que, pendant que le savant italien a commencé par les formes à longues antennes, longs nectaires et ailes bien développées, pour finir par les formes les plus dégradées, je débuterai par celles-ci.

La seule excuse que j'aie à donner pour procéder ainsi, c'est qu'ayant plus particulièrement étudié le Phylloxéra et ses congénères, je crois avoir pius de choses à dire sur ce groupe-là que sur les autres ; mais ces derniers font actuellement l'objet de mes études, et j'espère aussi découvrir chez eux plusieurs particularités remarquables, qui seront exposées dans la suite de ce travail.

Tout en ayant recours, comme mes devanciers, aux caractères plastiques tirés des antennes, des ailes, des nectaires et de la queue, je donnerai une très-large part aux caractères biologiques sur lesquels seront basées la plupart des coupes que j'aurai à établir.

Parmi les Aphidiens, les anciens auteurs ont établi un groupes de Pucerons souterrains, à formes ailées inconnues. Hartig les a appelés les *Hyponomeutes ;* Burmeister, Heyden, Ratzeburg, Kaltenbach, Koch, Passerini, etc., les ont classés dans les divers genres de *Trama, Paracletus, Forda, Rhizobius, Tychæa, Amycla, Endeis,* etc., etc.,

Je ne m'arrêterai pas longtemps sur ces genres, parce que je les crois appelés à disparaître successivement, comme n'étant en réalité qu'une des phases de l'existence des espèces aériennes, surtout des gallicoles.

Ce n'est pas que je croie impossible l'existence d'une ou

plusieurs espèces de Pucerons restant constamment aptères et se reproduisant indéfiniment dans cet état-là. Dans un pays, par exemple, où les circonstances particulières ne permettraient pas le développement de la phase ailée du Phylloxéra de la vigne, le Puceron pourrait parfaitement bourgeonner ou végéter sous terre indéfiniment, et nous offrirait le type le plus complet de la simplicité dans la reproduction des Aphidiens. Je l'ai vu se reproduire ainsi pendant plusieurs années, et d'autres espèces peuvent être dans le même cas.

Mais d'un autre côté, j'ai vu des Aphidiens, considérés jusqu'à présent comme des espèces souterraines toujours aptères, se métamorphoser dans mes flacons, prendre des ailes et devenir alors des insectes appartenant à des genres à vie aérienne. Cela m'est arivé récemment encore pour le genre *Rhizobius*, dont j'ai obtenu les ailés seulement après quinze ans d'observations.

Donc, tout en donnant ici provisoirement le tableau de ces genres souterrains, tels qu'ils ont été décrits par les auteurs, je n'y attacherai pas une grande importance et n'en ferai l'histoire que très-brièvement, puisqu'elle se retrouvera en temps et lieu avec celle du genre aérien auquel ce genre souterrain devra se rattacher.

TABLEAU SYNOPTIQUE

DES APHIDIENS A VIE SOUTERRAINE ET A FORME AILÉE INCONNUE

Les formes ailées de ces animaux étant inconnues jusqu'à présent, les caractères n'ont pu être tirés que des antennes, du rostre et des pieds. Comme le nombre des articles antennaires et leurs proportions les uns vis-à-vis des autres peuvent varier à chaque mue, l'élevage en captivité jusqu'à la ponte est indispensable pour décrire la *Pseudogyne*, à laquelle on affaire. Très-probablement ce sera la *Pseudogyne bourgeonnante,* car je ne sache pas qu'on ait trouvé d'œuf vrai de ces insectes, ni que personne ait observé des sexués.

11

Voici comment on peut classer ces êtres imparfaits pour les rapporter aux groupes établis par les auteurs. Ce ne sont pour moi que des genres provisoires, en attendant qu'un heureux, hasard ou qu'un élevage sagace nous fasse connaître la forme ailée :

I.—Antennes de 7 articles ;
le 3e article plus long que
le 4e. Tarses postérieurs
uniarticulés :.......... Genre I. — TRAMA *Heyden.*
Le 3e égal au 4e. Tarses
postérieurs biarticulés.. Genre II. — PARACLETUS *Heyden.*
II.—Antennes de 6 articles;
le 3e article plus long que
le 4e................ Genre III.—FORDA *Heyden.*
Le 3e article égal au 4e... Genre IV.—RHIZOBIUS *Burmeister*
III.— Antennes de cinq ar-
ticles................ Genre V. — TYCHEA *Koch.*

Je n'admettrai pas les genres *Amycla* et *Endeis* de Koch, qui ne sont évidemment que des formes transitoires, des larves de *Pemphigiens*. Le genre *Rhizobius* est également très-compromis, car deux de ses espèces, *menthæ* et *sonchi*, m'ont donné des formes ailées cet automne passé (1884), et je ne le conserve que parce que c'est lui qui donne son nom au groupe des *Rhizobiens* et que je ne connais pas les deux espèces de Burmeister sur lequel il est établi.

En considérant que, chez tous les Pucerons des galles dont les formes premières sont connues, le nombre des antennes est toujours moindre chez celles-ci que chez les formes ailées, on voit combien est faible le caractère d'un article de plus ou de moins aux antennes. Il suffit d'une mue pour faire passer un Puceron du genre *Tychea*, par exemple, au genre *Rhizobius;* et voilà que Kaltenbach lui-même, qui donne, comme synonyme du *Forda formicaria* de Heyden, le *Rhizoterus vacca* de Hartig, nous dit que ce dernier auteur ne trouve que *cinq* articles aux antennes, tandis que lui-même en trouve six, mais le

sixième est imparfaitement séparé du cinquième *(unvollkom-
men getrennt)*.

Je le répète, tout en énumérant en leurs lieu et place les espèces de Pucerons souterrains cités par les auteurs, je ne crois
pas à leur valeur individuelle, et tôt ou tard elles devront toutes faire partie d'un genre à formes ailées; même, si leur forme
ailée est très-rare ou inconnue, je ne puis admettre que l'*habitat* souterrain seul autorise à faire un groupe à part de ces
insectes.

TABLEAU SYNOPTIQUE

DES FAMILLES DES APHIDIENS A VIE AÉRIENNE, AU MOINS EN PARTIE, ET A FORMES AILÉES CONNUES

I. — Trois articles aux an-
tennes dans tous les états. Famille I.— Les PHYLLOXÉRIENS.

II. — Cinq articles aux antennes, au moins dans les
formes ailées (1). . . . . Famille II.— Les CHERMÉSIENS.

Six articles aux antennes;
nectaires nuls ou à peu
près.

Le sixième article non effilé
au bout, portant tout au
plus un onglet ou un petit
prolongement bien plus
court que la base de ce
même article :

Les ailes avec toutes les ner-
vures simples. . . . . Famille III. — Les PEMPHIGIENS.

Les ailes avec la troisième

(1) Quelques Pseudogynes *pupifères* de la famille suivante (Pemphigiens)
n'ont aussi que *cinq* articles aux antennes; mais elles pondent des petits *sans
rostre;* les *Chermésiens* pondent ou des œufs ou des petits à rostre.

nervure diagonale une fois
fourchue . . . . Famille IV. — Les SCHIZONEURIENS.
Les ailes avec la troisième
nervure diagonale deux
fois fourchue . . . . Famille V. — Les LACHNIENS.
IV. — Sept articles aux an-
tennes, c'est-à-dire le sixième article des antennes est
effilé en un long prolongement mince, bien plus long
que la base du même arti-
cle; nectaires bien formés. Famille VI. — Les APHIDIENS.

(Les auteurs, jusqu'ici, ont considéré la partie effilée terminale comme un septième article, et ont alors donné sept articles antennaires aux *Aphidiens ;* mais, entre le sixième et le
septième, il n'y a point de séparation.)

LES PHYLLOXÉRIENS

La famille des Phylloxériens offre pour caractère général
de n'avoir que trois articles aux antennes dans tous les états.
Le troisième est généralement le plus long de tous : inégal,
entaillé, surtout chez les formes ailées, et muni de tympans
allongés ou arrondis ; il a pu paraître double et même triple à
quelques auteurs, puisque van Heyden donne son genre *Vacuna,* qui a cinq articles aux antennes, comme synonyme de
Phylloxera.

En dehors de cela, ce sont des insectes dont les plus grands
n'atteignent guère qu'un millimètre de longueur : les aptères
sont en forme de poire ovales ou aplatis, avec la tête large et
arrondie, se confondant avec le thorax et celui-ci avec l'abdomen ; mais les formes ailées ont tout à fait l'apparence nor-
male de Pucerons ; seulement, elles portent leurs ailes cou-

chées à plat sur le dos et non pas en toit incliné, comme c'est le cas pour la majeure partie des autres familles.

Ces insectes, représentés par sept ou huit espèces européennes et une quinzaine d'américaines, devront être probablement répartis en plusieurs genres, et j'avais déjà fait une tentative dans ce sens en proposant les noms de genre :

Acanthochermes, pour les Phylloxériens sans forme ailée connue jusqu'à présent (type *Acanthochermes quercûs* Kollar);

Phylloxera, pour les Phylloxériens avec les deux formes ailées normales ou, en tous cas, avec la Pseudogyne *émigrante* ailée (type *Phylloxera quercûs* Boyer);

Peritymbia, pour les Phylloxériens avec une seule forme ailée. La Pseudogyne *pupifère* (type *Perytimbia vastatrix* Planchon).

Mais, comme la biologie des espèces américaines m'est encore inconnue et qu'elles sont du double plus nombreuses que celles d'Europe, je préfère laisser pour le moment tout sous le même nom générique, et créer plus tard des sous-genres, si cela est nécessaire, quand j'arriverai à la description des ·espèces.

La famille des Phylloxériens offre encore un caractère assez remarquable au point de vue biologique : c'est que toutes les *Pseudogynes* pondent leurs bourgeons non pas dans une enveloppe caduque, qui se détache au moment même de la ponte, ce qui constitue la viviparité chez presque tous les autres Aphides (les *Chermésiens* seuls exceptés), mais dans une enveloppe ovoïde, persistante, qui ne s'ouvre qu'après plusieurs jours. Les sexués eux-mêmes sont pondus ainsi par la *Pseudogyne pupifère*. Les Phylloxériens offrent donc cinq formes d'œufs; mais une seule est l'œuf véritable : c'est celui de la femelle fécondée, qui produit la Pseudogyne fondatrice ; les trois qui suivent sont des *œufs-bourgeons* produisant successivement les Pseudogynes *émigrantes, bourgeonnantes* et *pupifères,* et le dernier, enfin, est la pupe ou l'enveloppe d'où doivent sortir les insectes sexués.

Il est assez curieux de voir le règne végétal nous offrir,

comme le règne animal, des bourgeonnements libres à côté des bourgeonnements protégés par une enveloppe. La bourgène (*viburnum lantana*), le laurier-tin, le laurier noble, ont des bourgeons libres et seraient comme les Pucerons vivipares, dont l'embryon n'a qu'une enveloppe caduque invisible. Le maronnier, la vigne, l'érable, nous offrent, au contraire, des bourgeons à enveloppe écailleuse persistante, protégeant plus ou moins longtemps la jeune pousse, tout comme le *Pseudovum* du Phylloxéra présente une enveloppe protectrice chez l'embryon pondu par les *Pseudogynes* sous forme d'œufs.

La famille des Phylloxériens contiendra donc le genre unique de.................. .... Phylloxera Boyer.

LES CHERMÉSIENS

Le caractère de cinq articles aux antennes réunit dans cette famille des insectes à mœurs fort disparates ; car, tandis que les uns vivent sur les conifères dans des petites galles en forme de pomme de pin, les autres se trouvent à l'extrémité des branches des chênes, des aulnes ou des bouleaux.

SYNOPSIS DES GENRES

I. Pseudogynes portant les ailes en toit incliné, vivant dans des galles sur les sapins (*abies*) ou sur les aiguilles du mélèze (*larix*)...................... .... Adelges Vallot.

Pseudogynes portant leurs ailes à plat comme le Phylloxéra. II

II. La Pseudogyne pupifère *ailée*, vivant sur les chênes................. .... Vacuna Heyden.

Le Pseudogyne pupifère *aptère*, vivant sur l'aulne et le bouleau .... Glyphina Koch.

Cn s'étonnera probablement de voir que j'ai conservé le nom de famille *Chermésiens*, quand je rejette le nom de genre *Chermes* de Linné, pour le remplacer par le genre *Adelges*, de Vallot. Lorsque MM. Targioni Tozzetti et Signoret, dans leurs travaux sur les Coccidiens, firent un genre *Chermes* ou *Kermes*, je protestai, en alléguant que ce mot était déjà employé par Linné pour un genre *d'Aphidien*, et que, dans le récent travail de M. Passerini, il avait reçu une nouvelle consécration.

Cependant, depuis lors, j'ai examiné de plus près la question, et je vois que ce mot, d'origine arabe, a, dès la plus haute antiquité, désigné une Cochenille qui se récolte partout dans le Midi sur le petit chêne nommé, à cause de cela même, *quercus coccifera*.

Cette Cochenille a été longtemps employée, industriellement pour la teinture, et, pharmaceutiquement pour la préparation d'un sirop *d'Al-Kermes*, qui faisait florès au XVe siècle.

Le mot de Kermes s'est donc appliqué, dès la plus haute antiquité, à une Cochenille, et c'est Linné qui a eu tort de le prendre pour le donner à un Aphidien.

De plus, un des caractères que Linné donne à son genre *Chermes* (*pedes saltatorii*) ne s'applique pas à nos insectes, qui devraient déjà, à ce titre-là, être exclus du genre linnéen.

Vallot a très-bien caractérisé ce genre en 1836, et le nom *d'Adelges* mérite d'être maintenu.

Quant au nom de famille *Chermésiens*, qui pourra rappeler que quelques-uns des insectes qu'elle renferme ont été appelés *Chermes* par Linné, je ne vois pas grand mal à le conserver. Cette famille renferme trois genres hétéroclites, qui n'ont de commun que le caractère des antennes de cinq articles; c'est un classement tout à fait artificiel, et il est probable que, dans un système de classification naturel, ces trois genres ne pourront pas être maintenus à leur place actuelle.

Mais, pour modifier aujourd'hui l'ordre que j'adopte, il faudrait connaître tout à fait l'évolution biologique du genre *Adelges*, que je n'ai pu réussir à suivre, les sapins et surtout le mélèze manquant au pays que j'habite.

Ce genre *Adelges* offre, comme le Phylloxéra, des *œufs-bourgeons* pondus par les Pseudogynes; tandis que, chez les deux autres, *Vacuna* et *Glyphina*, les Pseudogynes sont *vivipares*.

LES PEMPHIGIENS

Voici une des familles dans lesquelles il y aurait le plus de coupes à faire; et la même cause que celle qui m'a arrêté pour les Phylloxériens, c'est-à-dire le manque de notions certaines sur l'évolution biologique des nombreuses espèces américaines citées par les auteurs, m'engage à laisser exister provisoirement le grand genre *Pemphigus*, sans indiquer ici les sous-genres qu'il y aura lieu de créer: je le ferai dans la révision des espèces.

L'unique caractère qui les réunira tous aujourd'hui sera, à côté des six articles antennaires au plus, propre à toutes les familles suivantes: la nervation particulière des ailes, qui consiste en quatre nervures diagonales simples; la quatrième, courbée, forme la cellule radiale.

Après cela, j'adopte provisoirement les genres de Passerini, en faisant toutefois observer que les caractères sont tirés ici exclusivement de la forme ailée, et tout spécialemeut de la Pseudogyne *émigrante*, celle qui sort des galles au printemps ou en été et qui pond des œufs-bourgeons éclosant presque aussitôt, ce qui la fait paraître *vivipare*.

Généralement, il y a toujours deux formes ailées, et ces insectes émigrent des arbres aux racines des plantes au printemps, et des racines des plantes aux arbres en automne et en hiver, ou quelquefois *vice versâ*. Cependant il y a des exceptions, que je ferai ressortir en examinant les espèces: ainsi, par exemple, le *Pemphigus spirothecæ*, qui fait des galles en spirale sur le pétiole des feuilles du peuplier, n'émigre pas au printemps; les Pseudogynes *émigrantes ailées* font défaut. La phase de Pseudogyne *bourgeonnante* qui les remplace reste dans la galle, et la forme ailée, qui sort en automne, est la Pseudogynè *pupifère,* puisqu'elle pond des sexués. Si j'ajoute à cela que cette pupifère ailée va chercher souvent les galles desséchées d'une autre espèce (*Pemphigus bursarius*) pour y mettre ses sexués, on comprendra la difficulté qu'offrent les études biologiques, quand des œufs trouvés en hiver dans une galle de forme déterminée vous fournissent au printemps suivant une Pseudogyne *fondatrice,* qui forme une galle toute différente de celle où on a trouvé les œufs. Je possède à ce sujet, sur les Pucerons du peuplier, de l'ormeau, du térébinthe, une série d'observations qui présenteront, je l'espère, quelque intérèt.

Provisoirement, je divise les *Pemphigiens* comme suit :

A.— Ailes en toit, avec les quatre nervures simples caractéristiques de la famille :

1ª Ailes inférieures à deux nervures.   PEMPHIGUS Hartig.
2o Ailes inférieures à une nervure..   TETRANEURA Hartig.
(Ce caractère ne s'applique qu'à la *Pseudogyne émigrante.*)

B.— Ailes posées à plat sur le dos; les ailes inférieures avec une seule nervure diagonale.................   APLONEURA Passerini.

Ces trois genres renferment la plus grande partie des Pucerons qui forment des galles sur les végétaux, et toutes les espèces des genres *Tetraneura* et *Alponeura* sont gallicoles dans leurs états de *fondatrice* et d'*émigrante,* et radicicoles dans les phases *bourgeonnantes* et *pupifères.* Cette dernière Pseudogyne prend des ailes et rapporte en automne sur le tronc des arbres les sexués qui doivent y laisser l'œuf fécondé pour l'année suivante.

J'ai pu, après de longues années d'observation, suivre et découvrir les métamorphoses de toutes les espèces appartenant à ces deux derniers genres, et j'en donne l'histoire dans le *Species.*

Le genre *Pemphigus* est loin d'être aussi homogène que les deux derniers. Son étude laisse encore de nombreuses lacunes, malgré les travaux de MM. Passerini, Derbès, Courchet, Kes ler et autres. La plupart des espèces forment des galles sur les arbres, tantôt sur les bourgeons, tantôt sur le pétiole ou sur le limbe des feuilles ; mais cependant il y en a qui n'en forment pas et qui vivent sur des plantes basses (*Pemphigus filaginis*). Le plus souvent, la *Pseudogyne fondatrice,* qui forme la galle, s'y entoure de ses descendants, jusqu'à ce que ceux-ci prennent des ailes et émigrent ; mais il y a des espèces où la *Fondatrice* vit isolée dans sa galle et dont les petits, dès leur naissance, s'échappent pour aller former une seconde galle ailleurs (*Pemphigus affinis,* etc.). J'ai cité plus haut une espèce qui n'offre qu'une seule forme ailée ; dans celles qui ont deux formes ailées, la *pupifère* n'offre quelquefois que cinq articles aux antennes; par ce caractère, elle n'appartient même pas au genre *Pemphigus,* tel que l'a délimité son auteur. En général, toutes les *pupifères* pondent des sexués faciles à reconnaître, en ce qu'ils sont tous privés de rostre : mais j'ai trouvé parfois, parmi ces *Pseudogynes,* quelques individus d'une espèce qui ne pond pas des sexués, mais des petits à rostre, capables de former de suite une nouvelle galle. Chez ceux-ci, les *Sexués,* les *Fondateurs* et les *Pupifères* feraient défaut, et tout se bornerait à une *Pseudogyne bourgeonnante* fondant la colonie, et à une *Pseudogyne émigrante* venant pondre, sur le tronc des arbres, une Pseudogyne semblable à celle dont elle provient elle même.

Ce serait le type extrême de la simplicité. Seulement ce phénomène est-il constant, ou les rares individus que j'ai trouvés en mai et juin sur le tronc des pistachiers, et qui pondaient les petits à rostre au milieu des quatre autres espèces pondant des sexués, sont-ils une exception ? C'est ce que je saurai, je l'espère, quand j'arriverai à la description de ces espèces.

Quant aux époques d'apparition des Pseudogynes ailées, elles sont des plus diverses, depuis mai jusqu'en novembre et décembre. Sauf de rares exceptions, les Pseudogynes souterraines sont des *pupifères* qui viennent se poser sur le tronc des arbres, et les Pseudogynes aériennes sont des *émigrantes* qui quittent les galles des arbres pour aller pondre au collet des racines des plantes où elles doivent passer leurs états subséquents.

On voit que l'étude biologique des diverses espèces renfermées aujourd'hui dans le grand genre *Pemphigus* pourra donner lieu à la création de nombreux sous-genres.

LES SCHIZONEURIENS

Cette famille ressemble beaucoup aux *Pemphigus,* dont elle se distingue cependant à première vue par la fourche qui termine la troisième nervure diagonale des ailes antérieures.

Quoique les habitudes des Schizoneuriens et leurs métamorphoses ne s'éloignent guère de celles des Pemphigiens, on y trouve déjà l'indication d'un passage aux familles suivantes, en ce sens que ce ne sont plus autant des insectes gallicoles, très-peu même formant réellement une galle fermée ; ce sont surtout des feuilles ou des tiges enroulées qui abritent les colonies de la Pseudogyne fondatrice. Beaucoup d'espèces, et les plus communes, comme le *Schizoneura lanigera*, le *Schiz. corni,* etc., vivent sans abri sur les tiges du pommier ou du cornouiller.

Leur évolution biologique me paraît être très-semblable à celle des Pemphigiens, et je trouve, chez la plupart, les deux formes aptères et les deux formes ailées ; mais déjà, chez les sexués, le caractère de manque absolu de rostre fait défaut ; chez quelques-uns, le rostre est rudimentaire ; chez d'autres (*Schiz. corni*), les sexués ont un rostre pareil à celui dont sont munies les autres formes, et ils se nourrissent, grossissent et muent, pour s'accoupler au bout de quelques jours, sans perdre leurs organes buccaux. Dans ces cas-là, si un heureux hasard ne vous met pas en présence d'un accouplement, il est fort difficile de reconnaître les sexués, qui, tant que leurs

organes génitaux ne sont pas développés, ressemblent absolument aux jeunes larves ordinaires, agames ; parfois cependant la couleur est différente, et c'est le cas précisément pour
le *Schiz. corni*. Il y aura lieu, comme pour la famille précédente, de créer quelques nouveaux sous-genres, puisqu'en dehors des différences d'existence et de forme citées plus haut,
il y a des espèces (*Schiz.* Passerini) qui portent les ailes à plat
comme le Phylloxéra ; mais, provisoirement, l'unique genre
de cette famille sera le genre SCHIZONEURA Hartig.

LES LACHNIENS

Cette famille forme la transition des *Pemphigiens* et *Schizoneuriens* aux *Aphidiens*. Comme les premiers, ils ont des antennes
courtes et terminées par un onglet plus ou moins prononcé,
et non par un prolongement effilé, comme chez les derniers ;
mais la troisième nervure offre les deux fourches caractéristiques des Aphidiens. Malheureusement ce caractère n'est pas
très-constant et la double fourche fait souvent défaut, et même
on trouve souvent des individus ayant sur une aile une double fourche et sur l'autre une simple. De plus, cette troisième
nervure fourchue est très-faible et difficile à voir sans le se-
cours de la loupe, chez quelques espèces. Plusieurs *Lachniens*
sont de très-grands Pucerons, et le *Lachnus roboris* est le
géant des Aphides d'Europe, surtout en ce qui touche les di-
mensions du rostre, dont Réaumur donne d'excellentes figures.
Ils habitent sur les arbres : chênes, pins, genévriers, saules,
etc., où leur grande taille et les fourmis qui les visitent les font
aisément découvrir. Leur stigma, long et étroit, aboutissant à
une cellule radicale dont la nervure est presque parallèle au
bord de l'aile, et non en demi-cercle aussi prononcé que chez les
autres familles, peut servir de caractère pour les individus dont
la nervure fourchue serait anormale. En général, ces Pucerons sont velus et marchent rapidement quand on les dérange.

Chez quelques-uns, les ailes sont noires ou tachées de noir, ce qui est encore fort rare chez les autres Aphides, et fait aisément reconnaître un *Lachnien*. Ils ne font pas de galles et vivent surtout sur le bois, soit sur le tronc, soit sur les rameaux, et plus rarement sur les aiguilles des conifères ; cependant quelques espèces très-élégantes (*Callipterus, Pterochlorus, Phyllaphis*) vivent sur les feuilles des chênes, ormeaux et frênes.

SYNOPSIS DES GENRES

1.— Sixième article en prolongement effilé du cinquième.............. Genre Sipha Passerini.

Sixième article en onglet filiforme ou en massue, très-court................. 2

2. — Stigma linéaire, fort allongé, nervure formant la cellule radiale presque droite et parallèle au bord de l'aile......... . Genre Lachnus Illiger.

Stigma trapézoïde ou en forme de raquette, nervure radiale courbe, manquant quelquefois....... 3

3. — Abdomen nu........ 4

Abdomen fortement laineux................. Genre Phyllaphis Koch.

4. -- Rostre court, ne dépassant pas l'insertion des jambes intermédiaires... Genre Callipterus Koch.

Rostre long, atteignant ou dépassant l'insertion des jambes postérieures..... Genre Pterochlorus Rondani.

LES APHIDIENS

Cette famille, caractérisée par la longue terminaison affilée du sixième article (ou par la présence d'un septième article pour ceux qui considèrent la pointe amincie du sixième article comme un article séparé), est de beaucoup la plus nombreuse de toutes ; elle a la troisième nervure de l'aile antérieure doublement fourchue, des nectaires et une queue plus ou moins saillante.

Cependant, comme elle se rattache aux précédents, tantôt par un caractère, tantôt par l'autre, nous devons admettre quelques exceptions, et nous trouverons quelques Aphidiens sans nectaires, d'autres avec une fourche unique, d'autres où la partie terminale du sixième article ne sera guère plus longue ou même sera égale tout au plus à la base de cet article ; mais, s'il y a quelques espèces aberrantes qui offrent un des caractères des *Lachniens* ou des *Schizoneuriens,* l'ensemble de tous les autres caractères les rattachera aux Aphidiens. En joignant à ces exceptions quelques autres différences plastiques, telles que la forme de la tête, celle de la queue et des nectaires, celles de la nature et de la position des impressions ou tympans antennaires sur les antennes des formes ailées, nous arriverons à séparer un assez grand nombre d'espèces, non toutefois sans qu'il nous reste après cette élimination, tout artificielle, un grand nombre d'espèces qui formeront le genre *Aphis.* Les caractères que nous pourrons emprunter à la biologie me paraissent encore trop peu nombreux pour pouvoir être utilisés. Chez des espèces très-voisines, je pourrais citer des mâles aptères et d'autres ailés ; les unes pondent des œufs nus, d'autres les recouvrent d'un enduit ou d'une sécrétion nacrée ou cotonneuse ; la couleur des sexués est parfois très-différente de celle des autres phases, etc.

Pour le moment, je ne ferai usage de ces caractères que comme distinction spécifique et non comme distinction générique. Pour cette classification artificielle, je choisirai comme type la *Pseudogyne émigrante ailée,* c'est-à-dire celle qui provient de la Fondatrice. Je choisis cette phase, parce que c'est celle qui offre les organes extérieurs les mieux développés.

Tout en basant les caractères sur cette *Pseudogyne émigrante ailée,* comme elle manque parfois et est remplacée par une forme aptère, je donnerai en seconde ligne les caractères de la Fondatrice aptère. Je n'aurai que très-rarement recours aux états imparfaits des *Pseudogynes* (larves ou nymphes), et encore plus rarement aux sexués, quoique l'antenne de quelques mâles présente des caractères faciles à saisir, à cause des nombreuses impressions ou tympans olfactifs dont elle est munie.

Les Aphidiens peuvent tout d'abord être divisés en deux groupes, selon que les antennes seront implantées ou non sur un tubercule frontal. Ce tubercule lui-même pourra être plus ou moins proéminent, gibbeux ou même denté, ou bien enfin arrivera à être à peu près nul, de manière à faire douter si l'insecte doit être rangé dans le premier ou le second groupe. Ces groupes sont :

A.— Les antennes implantées directement sur le front, qui est droit ou convexe et sans tubercule antennaire..   I. Aphides.

B.—Les antennes implantées sur un tubercule frontal plus ou moins développé. ....   II. Siphonophorides.

APHIDES

1. — Le septième article antennaire plus long, ou au moins aussi long que le sixième.... ..   2

Le septième article an-
tennaire plus court que
le sixième. . . . .   Genre PTEROCALLIS Pass.

2. — Antennes glabres. .   3

Antennes velues.   6

3. — Nectaires plus ou
moins apparents.   4

Nectaires nuls (espèce vivant dans des galles ou
feuilles recoquillées sur
l'*Artemisia*, *Aphis galla-*
rum aut.). . . . .   Genre CRYPTOSIPHUM Buckton.

4. — Nectaires plus longs
que larges   5

Nectaires plus larges que
longs, ou, si rarement ils
sont un peu plus longs,
alors les ailés et nym-
phes munis de poils sur
le dos. . . . .   Genre MYZOCALLIS Pass.

5. — Nectaires cylindri-
ques . . . .   Genre APHIS Lin.

Nectaires en massue. . . .   Genre SIPHOCORYNE Pass.

6. — Nectaires cylindri-
ques au moins du dou-
ble plus longs que lar-
ges. . . . .   Genre CLADOBIUS Koch.

Nectaires plus courts que
larges, à peine visibles.   Genre CHAITOPHORUS Koch.

SIPHONOPHORIDES

1. — Les antennes, implantées sur un fort tuber-

cule frontal, sont très-
rapprochées à leur base
et le front est creusé en
gouttière. . . . .   Genre SIPHONOPHORA Koch.
                               Genre DREPANOSIPHUM Koch.

Les antennes sont éloi-
gnées à leur base et le
front est plan ou con-
vexe.   2

2. — Le premier article
antennaire porte une
dent en dedans. . . . . . .   Genre PHORODON Pass.

Le premier article anten-
naire n'est pas denté. .   3

3.— Nectaires en massue   Genre RHOPALOSIPHUM Koch.
                               Genre AMPHOROPHORA Buckton.
                               Genre MEGOURA Buckton.
                               Genre MELANOXANTHUS Buckton.

Nectaires cylindriques. .   4

4. — Nervure cubitale à
une seule fourche. . . . .   Genre TOXOPTERA Koch.

Nervure cubitale à double
fourche.   5

5. — Queue plus longue
que les nectaires ou au
moins aussi longue. . . .   Genre HYALOPTERUS Koch.

Queue plus courte que les
nectaires. . . . .   Genre MYZUS Pass.

Si le caractère très-artificiel d'un septième article plus ou
moins long a fait ranger parmi les Aphidiens les genres *Myzocallis* et *Pterocallis* de Passerini, leur manière de vivre les rattache évidemment à la famille précédente des *Lachniens*, et en
particulier aux *Callipterus* et aux *Pterochlorus*, dont ils ont le
port élégant et les nervations souvent ombrées, tandis que les
antennes sont annelées par la couleur foncée des extrémités des

articles; aussi serai-je probablement amené à réunir les espèces qui composent ces deux genres aux *Lachniens,* auxquels les
relient en tous cas leur *habitat,* sur les arbres et leur manière
de vivre.

Il en est un peu de même pour les genres *Chaitophorus* et
Cladobius, que leur corps velu et leurs pattes et antennes hé-
rissées de poils font si facilement reconnaître sur les peupliers,
saules, érables, où ils se trouvent en nombreuses hordes; et le
polymorphisme inouï de ces insectes, chez lesquels les couleurs et les formes varient au plus haut degré, a fait créer par
les auteurs une foule d'espèces qui probablement ne sont que
des phases différentes de la vie du même animal. C'est dans le
genre *Chaitophorus* que se trouvent ces embryons étranges,
poilus ou foliacés, qui restent tout l'été sans modification, sur
les feuilles de l'érable, et dont van der Hoeven avait fait, en
1862, le genre *Periphyllus.*

Il ne restera après cela dans les *Aphides* que le grand genre
Aphis, dont on pourra à peine séparer une espèce qui vit dans
les galles de l'*Artemisia* et qui est privée de nectaires. Buckton
a créé pour elle le genre *Cryptosiphum.* Après cela on connaît
trois ou quatre espèces dont les nectaires sont légèrement ren-
flés, pour lesquelles Passerini a créé le genre *Siphocoryne.* J'ai
provisoirement conservé ces genres, quoique tout à fait arti-
ficiels, ne connaissant pas assez leur évolution biologique pour
y chercher des caractères plus sérieux que les légères différences plastiques qu'ont signalées les auteurs cités.

C'est encore un caractère tout à fait artificiel que celui qui
sépare les *Aphides* des *Siphonophorides ;* car le petit tubercule
sur lequel sont implantées les antennes, qui est très-visible,
chez le genre *Siphonophora,* devient souvent très-petit dans les
genres suivants; et comme, d'un autre côté, il y a plusieurs
Aphides qui n'ont pas le front tout à fait plan et chez lesquels
on peut voir une légère élévation au point où s'implantent les
antennes, on ne peut guère trouver de limite bien tranchée
entre le genre *Aphis* chez les *Aphides* et le genre *Myzus* chez
les *Siphonophorides.*

Si donc j'ai provisoirement conservé le genre de Passerini, *Myzus,* ce n'est pas sans me dissimuler qu'il faut lui trouver des caractères plus sérieux que ceux indiqués par l'auteur, pour le différencier des genres voisins.

Quant aux Siphonophorides, que leurs nectaires en massue ont fait ranger par Koch dans le genre *Rhopalosiphum,* je ne trouve pas que les caractères employés par Buckton pour en distraire les genres *Megoura, Amphorophora* et *Melanoxanthus,* soient suffisants pour justifier ces coupes dans un genre peu nombreux en espèces faciles à distinguer entre elles. On pourrait tout au plus les admettre comme sous-genres.

Le genre *Drepanosiphum* de Koch a déjà été réuni par Passerini au genre *Siphonophora* et, je crois, avec raison, quoique l'insecte pour lequel ce genre fut créé (*Siphonophora platanoïdes*) ait une manière de vivre assez éloignée de celle des autres *Siphonophora* et se rattache, par son *habitat* sur les arbres et ses allures, aux élégants Lachniens des genres *Myzocallis, Callipterus,* etc. Les fossettes olfactives des antennes, chez les ailés, sont exactement disposées comme chez les *Myzocallis ;* elles sont ovales et régulières en ligne droite sous l'antenne, et occupent la moitié inférieure du troisième article. Je regrette de n'avoir pu découvrir encore l'évolution biologique complète de cet insecte, pour lui assigner sa véritable place dans une classification naturelle. Provisoirement, ses caractères plastiques en font un *Siphonophora,* mais sa manière de vivre est celle d'un *Lachnien.*

En résumé, loin de créer de nouveaux genres, je serais tout au contraire disposé à en diminuer le nombre et à supprimer de la nomenclature tous les genres créés pour les formes souterraines incomplètes, dont je ne parlerai que pour essayer de les rattacher à des formes aériennes, dans la classification naturelle que j'adopterai pour ce travail ; le point de départ sera le genre *Phylloxera,* qui se rattache, par beaucoup d'analogies de formes et de métamorphoses, aux Coccides ; et, passant de là aux *Pemphigiens,* qui vivent dans les galles et aux racines des plantes, j'arriverai aux grandes espèces de *Lach-*

niens, qui toutes vivent sur des arbres, pour terminer par les *Aphidiens,* qui se trouvent plus spécialement sur les plantes herbacées ou sur les arbustes. Chez ceux-ci, les plus grandes espèces nous offriront d'élégantes formes, avec des mâles le plus souvent ailés et munis de rostre se rattachant aux autres Homoptères, Psylles et Cicadelles. Il y aura pourtant toujours, pour les séparer, la question embryologique, qui est celle de l'œuf, *sexué* chez ces derniers, puisque chaque œuf produit un mâle ou une femelle, et *asexué* chez les Aphidiens, puisque chaque œuf donnera un individu agame qui se reproduira sans le concours du sexe mâle.

Il faut que les germes de ce monde des Pucerons soient répandus avec la plus grande abondance sur notre globe pour que, partout où une plante pousse, l'Aphidien qui l'attaque se trouve à point nommé pour se fixer sur le premier bourgeon.

Il est vrai qu'on observera que le germe de la plante elle-même, les graines ou les bourgeons, rhizomes, bulbes, etc., doivent aussi être très-abondants, puisque un terrain nu, apporté n'importe où, se couvre très-vite de végétation. Or, partout où une famille d'Aphidiens a passé, elle laisse, soit des œufs, soit des bourgeons, c'est-à-dire des individus agames qui, comme le Phylloxéra, par exemple, restent fixés des mois entiers sur un point du végétal, pour ne se développer que quand la séve de la plante nourricière entre en activité. Dans chaque feuille flétrie qui tombe en automne, aux racines de toutes les plantes, on peut très-souvent constater la présence soit d'un œuf, soit d'un Puceron vivant. Sur ces milliards de germes que le vent disperse, certainement beaucoup de millions se perdent; mais qu'un seul œuf éclose au bon endroit, qu'un seul de ces Pucerons engourdis pendant l'hiver s'éveille à portée d'une plante où il trouvera une nourriture convenable, voilà la colonie constituée, émettant après quelques jours de nombreux essaims émigrants.

CHAPITRE VIII

Chasse et Collection des Aphidiens

Pour terminer la première partie de mon travail et avant d'entrer dans l'énumération spécifique, il me paraît convenable de donner quelques indications sur la méthode que j'emploie pour récolter et conserver les insectes qui font l'objet de l'étude actuelle.

L'attirail du chasseur d'Aphidiens est des plus simples. Il consiste, pour nous, en quelques tubes de verre bouchés aux deux extrémités, les plus grands de dix à douze centimètres de long sur deux à deux et demi de diamètre, les plus petits de trois centimètres seulement; une loupe et un petit pinceau qui sert à recueillir, sur le tronc des arbres ou sur les feuilles, les Pucerons errants.

On examine avec soin les plantes et les agissements des Fourmis et des Mouches, dont plusieurs espèces sont aphidiphages; et, en suivant les Fourmis ou en examinant les bourgeons sur lesquels on voit se poser une Mouche, il est très-rare qu'on ne découvre pas une colonie de Pucerons. Les feuilles recoquillées ou enroulées, et les galles sur le peuplier, l'ormeau, les térébinthes, les frênes, etc., sont aussi des indices certains de la présence de ces petits animaux (quoique d'autres insectes puissent aussi produire ces déformations).

Cueillir le bourgeon, les feuilles enroulées ou les galles, s'assurer qu'elles sont habitées et les introduire dans un des tubes, est chose facile; on note sur le tube le nom de la plante. Quand on trouve les Pucerons errants sur le tronc d'un arbre, on les recueille avec le pinceau et on les met *à part* dans de petits tubes.

Arrivé chez soi, on commence à noter, en examinant à la loupe, la forme et la couleur des Pucerons et le nom de la plante sur laquelle ils ont été trouvés ; puis on met avec le pinceau quelques exemplaires des formes ailées et des formes aptères dans de petits tubes étiquetés, remplis de liqueur conservatrice. J'emploie tout simplement de l'eau salée et acidulée, 30 grammes de sel et 60 grammes d'acide acétique sur un litre d'eau.

Je tiens mon journal des Aphidiens comme celui des autres insectes, sous le numéro d'ordre indiquant la page et la ligne de cette page. Le tube ne porte que ce double numéro, et c'est dans le journal que le nom de l'insecte, la date et les circonstances de la capture, sont énumérés tout au long.

En mettant en tube les récoltes, il faut choisir parmi les aptères ceux qui sont en train de pondre, si on en découvre ; à défaut, ceux dont les nectaires et la *queue* surtout sont bien développés : ce dernier point indique l'état adulte chez tous les Aphidiens qui sont munis de cet appendice.

Pour les galles, il faut, en les ouvrant et les secouant sur un papier blanc, tâcher de trouver la Pseudogyne fondatrice, qui est facile à reconnaître à sa taille, bien plus grande que celle des nymphes ou des ailés qui l'entourent. Quelquefois il y a deux séries de formes *aptères* se succédant l'une à l'autre : il faudra, pour ces espèces-là, recueillir ces deux formes, plus les ailées, qui les accompagnent à un moment donné.

Il faut se garder de considérer tous les insectes qui se trouvent dans les galles ou feuilles repliées comme les auteurs certains de ces déformations : beaucoup de Pucerons, comme les *Chaitophorus* du peuplier, quelques *Pemphigus* et d'autres, vont s'établir, sans vergogne, dans la demeure d'autrui. C'est ainsi que chez le vulgaire *Aphis atriplicis,* qui replie les feuilles de l'*Atriplex* et du *Chenopodium,* on trouve souvent le non moins vulgaire *Aphis papaveris,* que sa couleur noire fait aisément reconnaître au milieu des autres, qui sont poudrés de blanc. Ainsi donc, le fait de trouver des Pucerons dans des galles ou des feuilles enroulées n'implique pas la certitude que l'insecte est l'auteur de la déformation.

Quand on a terminé l'opération et mis en tube la forme ou

les formes aptères et ailées,— car, tout comme il y a quelquefois deux formes aptères se succédant, il peut y avoir et il y a même normalement deux formes ailées différentes, — il faut encore examiner s'il y a dans la colonie les formes sexuées. Là, ce n'est guère que l'acte de l'accouplement qui peut nous guider dans un examen fait à la loupe ; pourtant quelquefois la couleur de la femelle est différente de celle des Pseudogynes, et, quand le mâle est ailé, il est plus élancé et plus actif que les autres formes ailées.

En tout cas, comme la peine de mettre dans le liquide conservateur quelques individus de plus est peu de chose, il vaut mieux bien garnir ce petit magasin, où l'on puisera plus tard les sujets pour l'étude microscopique dont nous allons parler.

Beaucoup d'auteurs ont parlé du dimorphisme ou du polymorphisme des Aphidiens. Pour moi, ce polymorphisme n'existe pas, à moins qu'on ne veuille entendre par là que, dans leur évolution biologique, ces animaux changent souvent d'aspect; mais alors tous les insectes sont polymorphes, et la chenille et son papillon sont le même insecte sous une forme différente. Mais, chez l'Aphidien comme chez le Lépidoptère, la même phase de l'existence chez une espèce nous offre toujours des individus identiques entre eux, et ce n'est que par une confusion regrettable qu'on a souvent voulu comparer une Pseudogyne à une femelle vraie, ou même une Pseudogyne émigrante à une Pseudogyne pupifère, par exemple. C'est absolument comme si l'on voulait comparer la chenille à sa chrysalide.

Je ne suis pas un savant, et beaucoup d'observateurs bien plus instruits que moi ont voulu absolument prouver que la Pseudogyne agame et la femelle fécondable, ou ce qu'ils appellent la forme vivipare et la forme ovipare, sont des cas de polymorphisme du même insecte ; c'est comme si l'on voulait prétendre, en botanique, que le bourgeon à feuilles et le bourgeon à fruits sont le même organisme. Les cellules et leur disposition peuvent être identiques, et l'embryologue peut ne pas trouver de différence; mais le moindre jardinier saura très-bien que tel bourgeon lui donnera du fruit, tel autre seulement des feuilles, et cela longtemps avant le moment où le scalpel trouvera les rudiments des organes sexuels.

Mais je m'arrête sur ce terrain inconnu et hérissé pour moi de difficultés ; aussi bien je n'ai ici en vue que de donner des indications sur ma manière de récolter, d'observer et de classer les Aphidiens.

Nous avons donc mis en tube les deux formes aptères et les deux formes ailées agames, les femelles vraies et les mâles ; nous conserverons dans le même liquide les galles ou les feuilles déformées, si elles existent ; car, si j'ai dit plus haut que les galles contenaient parfois d'autres insectes que ceux auxquels elles sont dues, il n'en est pas moins certain qu'elles ont dû leur origine à un Puceron, et, pour ces espèces gallicoles, la connaissance de la galle est aussi indispensable que celle de la forme de la coquille dans les études de malacologie. Nous aurons facilement déterminé au moins le genre de l'insecte ; provisoirement, nous lui donnerons, après son numéro d'ordre et son nom générique, le nom spécifique de la plante sur laquelle il a été trouvé, jusqu'à plus exacte détermination.

Je suis très-partisan du nom tiré de la plante sur laquelle vit le Puceron. Cette plante sera, autant que possible, celle sur laquelle vit la Pseudogyne fondatrice ; ainsi, pour les insectes qui forment des galles, celle sur laquelle est formée la galle. J'admets très-bien que de Geer ait pu nous donner un *Aphis ulmi-gallorum* et un *Aphis ulmi-foliorum*, comme Riley nous donne un *Pemphigus populi transversus* et un *P. populi ramulorum*. Si même dans l'usage, par exemple, les Aphis de De Geer étant devenus des *Tetraneura* et des *Schizoneura*, on dit *Tetraneura ulmi* et *Schizoneura ulmi*, sans ajouter *gallarum* et *foliorum*, les synonymes du Réaumur suédois resteront comme d'utiles indications.

Cela fait, il ne nous reste plus qu'à piquer une épingle à travers le petit bouchon des tubes et à les fixer dans une boîte liégée, tout comme si c'était un insecte, en les rangeant par genres d'abord et après par *ordre alphabétique* du nom spécifique, afin de retrouver promptement le tube, quand il s'agira de procéder à une classification plus scientifique.

Il nous reste, pour mettre en ordre nos récoltes, les insectes vivants trouvés isolés ou pris dans des toiles d'araignée (ce qui est une riche source de captures), et que nous avons mis à part dans les petits tubes de chasse.

Ces insectes, je ne les tue pas et je les laisse vivants dans le tube, où je suis à peu près sûr qu'ils pondront des petits vivants, soit agames, soit sexués, ce qui me fixera sur leur état civil. Si les captifs sont ailés et à courtes antennes (des Pemphigiens), la présence ou l'absence du rostre chez les jeunes m'indiquera de suite si j'ai affaire ou non à la génération sexuée ou à la génération agame. Cette dernière périra promptement si je ne lui fournis pas de la nourriture. Or, comme je ne la connais pas, son élevage est fort difficile : je les laisserai mourir ou leur rendrai la liberté. Si ce sont des sexués, je les laisserai vivre dans le tube en notant leur taille, leur couleur, leurs mues, etc. Ils s'accoupleront, et la femelle pondra son œuf, soit nu, soit entouré de sécrétion blanche ; ou bien encore elle se desséchera sans expulser l'œuf, qui restera enkysté dans le corps de la mère. Nous noterons ces diverses circonstances et garderons les œufs, qui nous fourniront, au printemps suivant, les Pseudogynes fondatrices des colonies.

Si les captifs ailés sont à longues antennes effilées (des Aphidiens), leur progéniture sera toujours munie de rostre, et, agame ou sexué, son élevage pourra nous mener loin, car nous rentrerons dans les observations des Bonnet et des Kyber ; nous arriverons à des mois et des années de reproduction agame, peut-être même à une durée indéfinie de bourgeonnements, si nous faisons l'élevage en serre.

De ce qui précède on conclura que ce n'est pas en une seule chasse qu'on récoltera la série nécessaire à une collection complète de Pucerons. Il faut au moins, deux fois par mois, visiter les mêmes plantes et regarnir les magasins ou remplir de nouveaux tubes. Dès le premier printemps, on trouvera les colonies à leur début, c'est-à-dire, soit un gros Puceron aptère, né d'un œuf ; soit un Puceron ailé, une Pseudogyne émigrante, entourés de quelques jeunes ; puis tout cela se

multipliera à l'infini, soit dans une forme, soit dans l'autre :
les aptères fournissant des ailés, les ailés donnant des aptères,
tant que la séve circule dans les tissus **végétaux**. Arrive le
repos de l'été et la fructification : le monde des Aphidiens dis-
paraît presque entièrement sur les parties aériennes des plantes, mais se retrouve aux endroits ombragés et humides ou
aux racines. Puis revient la fraîcheur de l'automne, et alors
l'émigration en sens inverse a lieu : les pousses nouvelles se
gonflent et les Pucerons reviennent même très-avant en hiver,
et jusqu'en décembre et janvier (à Montpellier), soit pour s'accoupler et laisser leurs œufs aux bourgeons, soit pour y laisser des petits vivants, qui restent engourdis jusqu'aux beaux
jours. C'est le meilleur moment pour récolter les sexués.

Des règles fixes, je n'en connais pas, et, depuis vingt ans que
j'observe, j'ai pu tout au plus découvrir qu'en général les Aphidiens se rapprochent beaucoup plus dans leurs métamorphoses des autres Hémiptères que les Pemphigiens à œuf unique.
Mais, d'espèce à espèce, je vois des mâles ailés à côté de mâles aptères ; bien plus, dans la même espèce, je crois voir les
deux formes (ici c'est un cas exceptionnel de dimorphisme).
Quant aux femelles, je les crois fermement toujours aptères.

Quant aux époques aussi, s'il y a beaucoup de sexués en
automne, il y en a également au printemps (tous ceux du térébinthe) et en été (ceux du saule), et il en reste énormément à
découvrir. Il faut récolter toute l'année, remplir les magasins,
et puis procéder à leur examen après une année de récolte.

Pour cet examen, voici comment je procède : après avoir
emprunté aux aquarellistes leurs pinceaux pour faire la récolte, je leur emprunte leur palette : un carré en porcelaine
divisé en plusieurs petits compartiments, avec un faible rebord
de 2 à 3 millimètres, et je vide dans un compartiment tout le
contenu du tube, tant mes chasses de l'année sur la même
plante que mes récoltes des mêmes insectes sur les plantes
différentes, et je soumets le tout à un judicieux contrôle. Je
tâche de choisir successivement le plus gros aptère comme
fondateur (*Pseudogyna fundatrix*), l'ailé émigrant (*P. migrans*),

l'aptère qui en provient et qui est plus petit que le fondateur (*P. gemmans*), et l'ailé pupifère (*P. pupifera*) qui doit fournir les sexués ; enfin ces deux derniers, que les œufs chez les femelles et les organes génitaux chez le mâle nous feront reconnaître dans un examen microscopique.

Pour procéder à cet examen, il nous faudra porter, sur un petit *cover* de verre mince ou, mieux, sur un petit carré de mica de 1 1/2 à 2 centimètres de large, posé sur une lamelle de verre, l'insecte à examiner, et laisser tomber sur lui une goutte de solution de potasse caustique et une goutte de glycérine. Recouvrant cette préparation d'un autre morceau de verre mince ou de mica, nous porterons la lamelle de verre au-dessus de la flamme d'une petite lampe à alcool, et laisserons chauffer jusqu'à ébullition pendant une ou deux minutes, en évitant un coup de feu trop violent. Par l'action de la potasse, l'insecte devient transparent, et toutes ses parties, jusqu'aux petites fossettes ou tympans olfactifs qui garnissent les antennes des formes ailées, deviennent parfaitement visibles sous l'objectif n° 5 d'Hartnack. Ce degré de transparence obtenu, on prend un autre verre ou morceau de mica, sur lequel on place une goutte de baume de Canada de consistance sirupeuse, dans laquelle on transporte au bout d'une aiguille fine le puceron retiré du bain de potasse. On l'étale, à la loupe, aussi bien que possible ; on le recouvre, et de nouveau on le soumet un instant à la chaleur, pour bien faire imbiber le corps de la matière résineuse et chasser toute bulle d'air ou toute impureté. Cela fait, il n'y a plus qu'à laisser refroidir, puis coller la préparation entre un morceau de carton et un papier gommé du format d'un timbre-poste, au centre desquels on aura pratiqué une ouverture avec un emporte-pièce, comme celui dont se servent les contrôleurs des chemins de fer. Il ne reste plus qu'à mettre le numéro d'ordre du journal et à piquer en collection dans des boîtes ou tiroirs, où chaque nom d'espèce inscrit à gauche sera suivi horizontalement de six petites cases indiquant les six formes qui se succèdent : *Fondateur, Émigrant, Bourgeonnant, Pupi-*

fère, *Mâle* et *Femelle*, qui doivent être représentées dans chaque collection régulière d'Aphidiens.

A défaut de baume de Canada, une solution de colophane dans de l'essence de térébenthine, de consistance épaisse comme du sirop, remplira le même but, quoique le baume soit préférable.

Ce n'est qu'alors, quand on pourra joindre aux notes prises sur l'*habitat* la couleur à l'état vivant et les dates d'apparition des diverses formes, la description plastique de chacune d'elles, qu'une rigoureuse détermination de l'espèce sera possible.

Heureux ceux qui pourront joindre à leur science entomologique le talent de conserver, par la peinture et le dessin, la couleur et les formes de ces petits animaux, pour les joindre aux notes inscrites sur la feuille consacrée à chaque espèce.

Car ce n'est pas tout d'avoir établi un journal bien tenu, il faut après cela rapporter du journal au grand-livre (on voit que c'est un ancien négociant qui parle). Ce grand-livre consiste en autant de feuillets séparés qu'il y a d'espèces de Pucerons inscrits au journal. Chaque feuillet porte la description de l'insecte à ses divers états et offre le relevé de tous les numéros du journal se rapportant à cette espèce, ce qui permet d'un seul coup d'œil de savoir ce que renferme la collection et de la classer alors scientifiquement.

C'est un peu pénible ; mais, une fois ce travail effectué, on n'a guère, pour faire une monographie des Pucerons, qu'à compléter, en compilant les meilleurs auteurs qui vous ont précédé, l'histoire des insectes qui manquent à votre collection, et à livrer à la publicité le résultat des observations nouvelles qu'on a pu faire et les idées théoriques qu'elles ont pu vous suggérer.

C'est ce que je me propose de faire dans la seconde partie du travail actuel, qui traitera de toutes les espèces d'Aphidiens dont j'ai pu avoir connaissance et complétera en plusieurs points ce que j'ai laissé d'imparfait dans l'énumération des genres, tels qu'ils sont établis dans la première partie.

Mon intention est de joindre aux *species* des Aphides les planches nécessaires à l'intelligence du texte ; mais je dois forcément limiter les dépenses qu'entraînent des planches coloriées.

Je ne me fais pas d'illusion sur le peu de chances de débit que peut avoir un livre purement destiné à l'histoire des Pucerons, et je n'ai même pas osé proposer à quelqu'une des sociétés entomologiques dont je fais partie de me donner une centaine de feuilles de place pour les remplir de l'histoire des Pucerons. Je publie ceci entièrement à mes frais.

Selon l'accueil qui sera fait au premier volume, je donnerai plus ou moins d'extension à la partie iconographique, qui serait, en tout cas, poursuivie sur le modèle des planches que je joins au volume actuel. Elles ont été dessinées par M. Vergnes, de Montpellier, et chromolithographiées par notre habile dessinateur M. Clément, mon collègue à la Société entomologique de France.

EXPLICATION DES PLANCHES

Pl. I

1. *Pemphigus pyriformis* Licht. *Pseudogyne fondatrice* tirée de sa galle.
2. — — *Pseudogyne émigrante* sortant des galles au printemps.
3. — — Galle, en forme de poire, sur le pétiole des feuilles, vue par derrière.
4. — — La même vue de face.
5. — — Antenne de la *Pseudogyne émigrante*.

Pl. II

1. *Pemphigus marsupialis* Courchet. Galle vue du côté de l'ouverture.
2. — — Galle vue sur l'autre face de la feuille.
3. — — Antenne de la *Pseudogyne émigrante*.
4. *Pemphigus affinis* Kaltenbach. Galles, savoir : A, Galle de la *Pseudogyne fondatrice* qui y vit isolée. B, Galles formées par les *Pseudogynes émigrantes*, pondues par la précédente.
5. — — Antenne de la *Pseudogyne émigrante*.

Pl. III

1. *Pemphigus bursarius* Linné. Galles sessiles sur les rameaux, persistantes en hiver.
2. — — Antenne de la *Pseudogyne émigrante*.

3. *Pemphigus spirothecæ* Passerini. Antenne de la *Pseudogyne pupifère* d'automne.

4. *Pemphigus spirothecæ* Passerini. Galle en spirale sur le pétiole, sans ailés au printemps.

5. *Pemphigus protospiræ* Licht. Galle en spirale sur le pétiole, pleine d'ailés au printemps.

6.   —   — Antenne de la *Pseudogyne émigrante*.

Pl. IV

1. *Pemphigus vesicarius* Passerini. Galle desséchée en hiver et persistante sur le bourgeon.

2.   —   — Antenne des insectes ailés trouvés morts dans cette galle.

3. *Pemphigus populi* Courchet. Galle sur le pétiole, au point de jonction avec le limbe de la feuille.

4.   —   — Antenne de la *Pseudogyne émigrante*.

5. *Schizoneura Passerini* Signoret. *Pseudogyne* ailée, probablement la *pupifère*.

6.   —   — Antenne de la même.

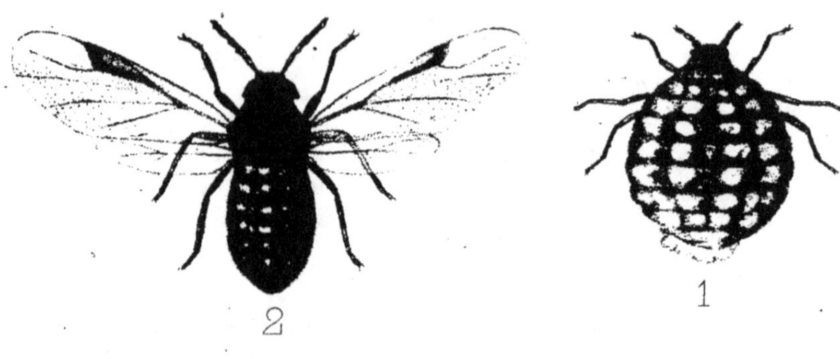

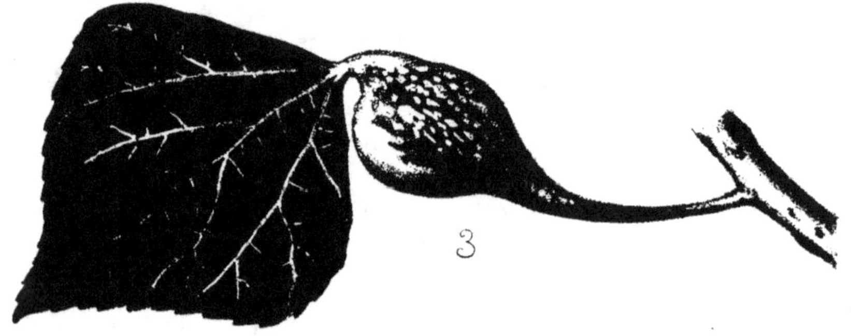

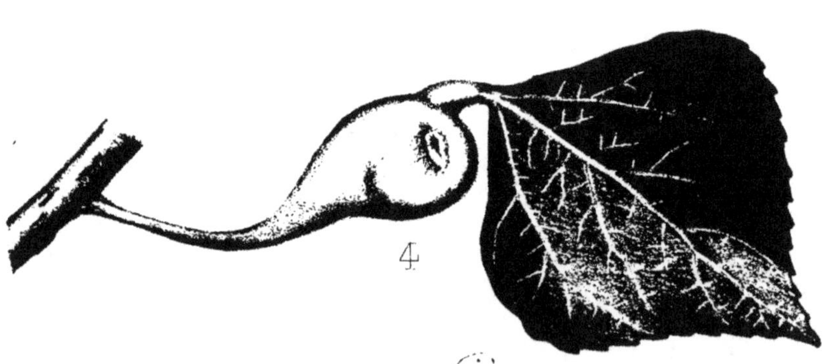

PUCERONS DU PEUPLIER

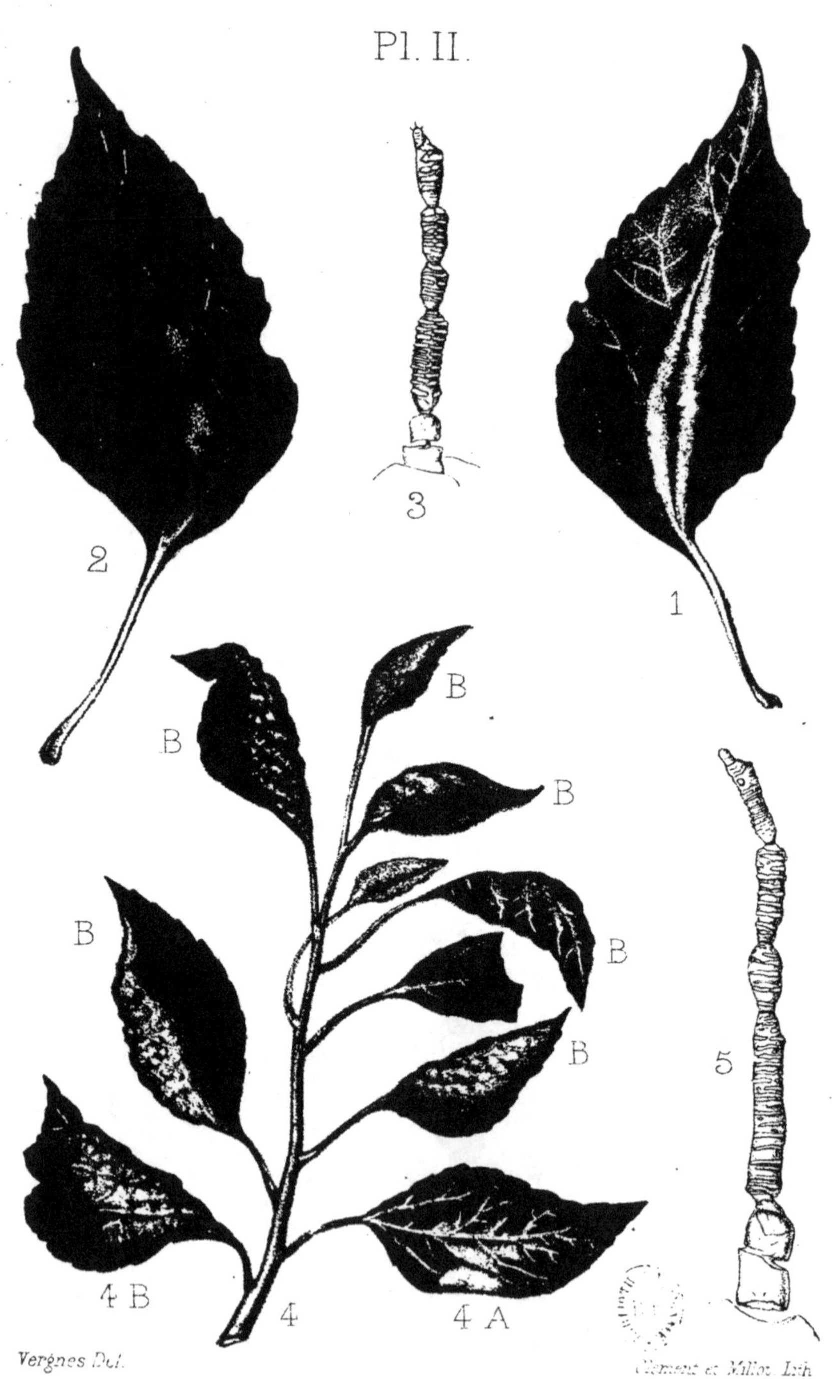

PUCERONS DU PEUPLIER

IMP. MUNROCQ PARIS

Pl. III.

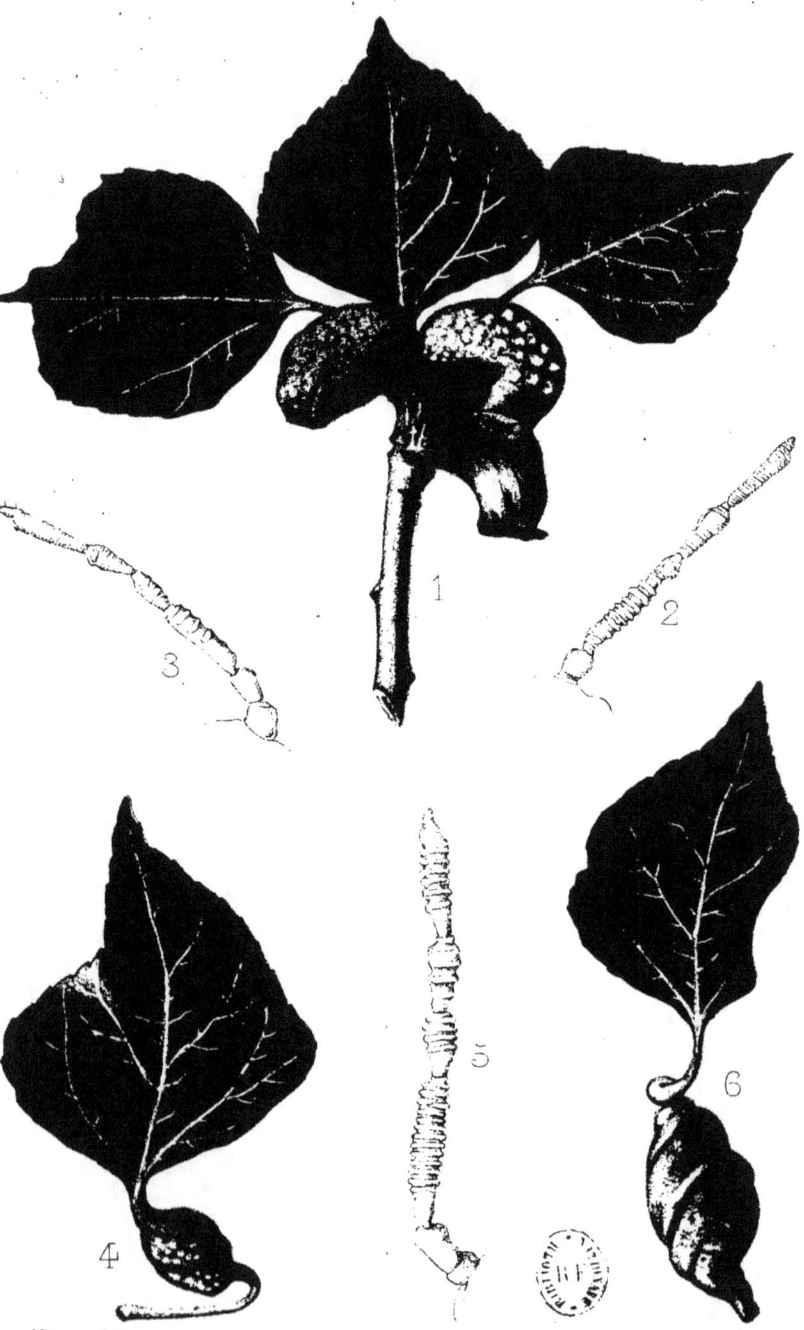

Vergnes Del

Clément et Millot Lith

IMP. MONROCQ, PARIS.

Pl. IV.

1
2
3
4
5
6

Vergnes Del.

Clément et Millot, Lith

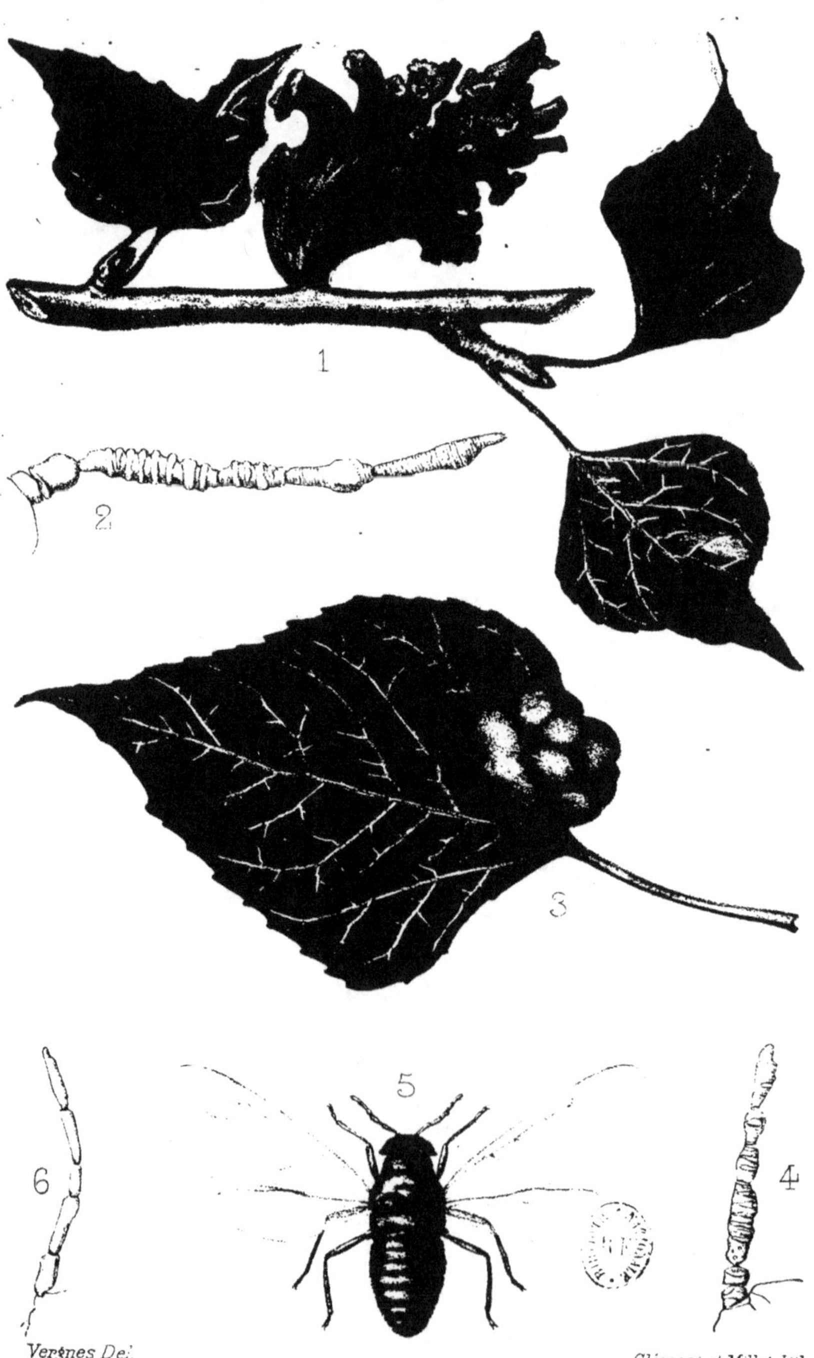